2022年—2025年广西师范大学.环境设计专业.国家级一流本科专业建设点成果；2022年广西哲学社会科学规划研究课题"广西多民族地区乡土景观融入在地公共空间的耦合共生研究"（22FMZ024）研究成果

生态理念下环境艺术设计探究

孙志远　著

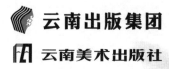

云南出版集团

云南美术出版社

图书在版编目（ＣＩＰ）数据

生态理念下环境艺术设计探究 / 孙志远著． -- 昆明：
云南美术出版社，2023.7
ISBN 978-7-5489-5382-1

Ⅰ．①生… Ⅱ．①孙… Ⅲ．①环境设计－研究 Ⅳ．
① TU-856

中国国家版本馆 CIP 数据核字（2023）第 124804 号

责任编辑：陈铭阳
装帧设计：泓山文化
责任校对：李林　　张京宁

生态理念下环境艺术设计探究

孙志远　著
出版发行：云南出版集团　云南美术出版社
社　　　址：昆明市环城西路 609 号
印　　　刷：武汉鑫金星印务股份有限公司
开　　　本：787mm×1092mm　　1/16
印　　　张：11.5
字　　　数：250 千字
版　　　次：2023 年 07 月第 1 版
印　　　次：2023 年 07 月第 1 次印刷
书　　　号：ISBN 978-7-5489-5382-1
定　　　价：88.00 元

前　言

随着社会经济的快速发展，人们的物质生活水平不断提高，对精神生活的要求也越来越高，对生态环境的保护意识越来越强，表现在室内设计与空间环境艺术设计领域，对环境艺术设计的标准日渐提升。环境艺术设计领域的生态观念对于促进环境艺术设计的进步与发展发挥着重要作用，尤其是生态视域下的环境艺术设计可以有效解决或避免一些生态环境问题，对环境保护具有十分重要的意义。生态视域下的环境艺术设计必然会提升人们居住环境的生态性，有助于营造生态自然的人居环境，促进人们身心健康发展。然而，从当前环境艺术设计的实际现状看，环境艺术设计的生态观还须加以改进与创新，从而推动室内设计与空间艺术设计工作的顺利开展。

生态化的环境艺术设计是自然生态空间中各种生物相互合作、相互竞争的环境艺术设计，在设计过程中应提高自然环境的生态性、自然性和艺术性，形成人与自然和谐的生态空间。环境艺术设计与生态理念之间具有天然的联系，两者的融合是必然的。本书从生态理念下环境艺术设计综述基础介绍入手，针对环境艺术设计中生态化材料与生态性技术进行了分析研究；另外对绿色生态理念在室内艺术设计、可持续城市生态园林设计、公共环境艺术设计中的应用做了一定的介绍；还对生态环境景观艺术设计创新路径、可持续发展与环境艺术设计做了研究。

撰写本书过程中，参考和借鉴了一些知名学者和专家的观点及论著，在此向他们表示深深的感谢。由于水平和时间所限，书中难免会有不足之处，希望各位读者和专家能够提出宝贵意见，以待进一步修改，使之更加完善。

目　录

第一章 生态理念下环境艺术设计综述

第一节 生态设计的基础理论

一、生态与生态设计

（一）生态设计的相关界定

1. 生态系统

"生态"一词，现在通常是指生物的生活状态，指生物在一定的自然环境下生存和发展的状态，也指生物的生理特性和生活习性。生态就是指一切生物的生存状态，以及它们与环境之间环环相扣的关系。生态的产生最早是从研究生物个体开始的，指在自然界的一定空间内，生物与环境构成的统一整体，在这个统一整体中，生物与环境之间相互影响、相互制约，并在一定时期内处于相对稳定的动态平衡状态。生态系统的范围可大可小，相互交错，地球最大的生态系统是生物圈，最复杂的生态系统是热带雨林生态系统，人类主要生活在以城市和农田为主的人工生态系统中。生态系统是开放系统，为了维系自身的稳定，生态系统需要不断输入能量，否则就有崩溃的危险；许多基础物质在生态系统中不断循环，其中碳循环与全球温室效应密切相关。生态系统是生态学领域的一个主要结构和功能单位，属于生态学研究的最高层次。

作为一个独立运转的开放系统，生态系统有一定的稳定性，生态系统的稳定性指的是生态系统所具有的保持或恢复自身结构和功能相对稳定的能力，生态系统稳定性的内在原因是生态系统的自我调节。生态系统处于稳定状态时就被称为"达到了生态平衡"。生态系统保持自身稳定的能力被称为生态系统的自我调节能力。生态系统自我调节能力的强弱是多方因素共同作用的体现。一般成分多样、能量流动和物质循环途径复杂的生态系统自我调节能力强；反之，结构与成分单一的生态系统自我调节能力就相对更弱。热带雨林生态系统有着最多样的成分和生态途径，因而也是最稳定和复杂的生态系统，北极苔原生态系统由于仅有地衣一种生产者，因而十分脆弱，被破坏后想要恢复需要付出很大代价。

2. 生态设计

传统的设计往往只关注人的需求而忽视环境的因素，在能量使用上，它采用的通常是不可再生的能源，在材料使用上，它的利用效率是低下的。在环境运动的大环境之下，生产企业努力提高他们的生产工艺水平来减少对环境的破坏，这意味着在产品的制造、使用和废弃处置过程中要尽量减少资源损耗、能源消耗和毒物排放的总量。在这样的背景之下，生态设计理念应运而生。伴随生态技术与工业文明的高速发展，原有的设计方法与设计理念已经无法有效解决日益复杂的市场消费、差异化的社会文化以及环境变化等问题，人们对设计的期望不再局限于静态的以单纯功能为目标的设计，而是期待那种可以兼顾多重问题，尤其在制造过程、使用过程与使用后的安全减排上能解决问题的优质产品。

凡是旨在减少对环境的破坏性影响，通过把自身和生命过程整合起来的任何类型设计都可以称作"生态设计"。生态设计与工业设计、景观设计和城市设计等概念不同，它不是设计领域的一个分支领域，而是一种与自然相处的全新模式。生态设计的原理和方法可以应用到设计领域中的任何分支领域，如景观设计、建筑设计、产品设计等领域。生态设计又被称为绿色设计或生命周期设计，是利用生态学思想在产品开发阶段综合考虑与产业相关的生态环境问题，设计出对环境友好的，又能满足人的需要的一种新的产品设计方法。发展至今，保护环境、减少能耗与污染已成为现代设计的主导方向，同时延伸到各个领域的绿色生态技术也随之出现，比如各种高效节能的生态技术、新型生态工艺以及环保低耗的生态产品设计等。生态设计的出现引发了设计观念的转变，同时也使传统设计在发展过程中所产生的、社会、资源、经济以及文化等各方面问题得以系统的梳理和弱化。越来越多的现实经验使人们了解生态学不仅仅是一门研究性的学科，更是人与自然共生、共融，伴随人类未来健康生存的应用性学科和前沿性科学。

（二）生态设计的系统形成

1. 生态设计的系统体现

六盘水明湖湿地公园

自然有着自身运行的法则与规律，人类活动只是其中的一部分。这就意味着人类活动应充分考虑自然环境的承受能力与人类活动的自我控制能力，以及生态健康和系统受损的恢复能力，只有这样才能实现社会与自然的良性发展，使人类自我构建的环境能够与自然有机地融合，呈现和谐生长的状态。

生态学将人类构建的人、社会、自然生态环境三方面当成一个不可分割的有机整体，生生不息。人与自然界的其他生命一样都是构成世界的有机体，由于存在与发展具有一定的复杂性与差异性，使各自的生命结构和生长规律各不相同。然而最重要的特征还是共生于同一环境，这注定形成了各个生命体之间相互作用、相互支撑的共同关系，从而构成了客观存在的生态环境。在这个共同的环境中，事物之间发生的相互影响、相互作用、相互制衡所产生的动态关系促进了这个整体生态的健康、多元、有序的发展。从设计的角度而言，生态系统的复杂现象给予设计很好的启发，即应充分思考环境中的个体差异与共同存在的相互关系，厘清设计中所面对的主、客体在复杂环境条件下存在的依据与价值，考量设计内容中功能与精神诉求所造成的环境得失、资源得失，使设计的市场动机、产品的物理需求上升到整体环境这一共同性层面上进行思考，这便是符合当今社会发展的生态设计观。

2. 生态设计的内在关系

生态设计的领域十分广泛，是当代产业体系的一个非常重要的组成部分，它涉及社会生产和社会生活的方方面面。生态设计是以符合环境生态发展需求为原则的设计理念，这种设计具有多样化、交叉性、关联性的特点，要求设计师具备丰富的专业知识、环境意识和掌握生态技术运用的能力。生态设计涵盖了生态所应有的运行规律并建立保护性的原则条件，设计成果必须兼具技术的先进性、环境的协调性、经济的合理性以及多系统的协同，求取资源利用价值最大化，同时注重使用的便捷与安全，这极大地改变了传统设计中以简单的市场动机为目的的设计方式。

生态设计试图通过科学理性的方式平衡人与自然之间的和谐关系，在人类对自然规律有了更加深刻认识的基础上满足人的不同需求，它并非单纯提升物质、经济水平，更为重要的是基于现实环境的脆弱及资源有限等因素条件，充分考虑人类未来的生存走向。这不仅仅是少数知识阶层和设计师所忧虑的问题，更是社会应该建立的共识，已有不少社会精英在积极地为生态意识的建立而布道。生态设计不应当局限于单项生态技术或者单件产品的替换，而是有助于人们将生态的整体性理念融入设计产品的开发、生产以及再生综合利用等全过程中。以产品寿命周期的生态化发展为设计目标，将可拆卸、可维护、可回收以及可重复利用等属性当作生态设计的准则，充分利用综合化的生态技术，在符合环境目标要求的前提下，确保成果自身的功能、质量以及使用寿命，使产品在功能、经济、环境效益等方面实现共赢。前端原料的利用、中端的产品设计与制造、后端的回收与再利用所形成的生产、人类的生活方式以及商业系统生态模式，这个模式将保障环境的可持续发展。生态设计的实质就是对自我生存环境的再设计，作为整个自然环境里的一个非常重要的子系统，与其他系统有机融合，从而使人、社会、自然生态环境形成一种良性循环。

3. 生态系统的文明价值

人类生态系统是生态大系统中的一个非常重要的生态子系统，其可持续发展与设计有很大的关系，更与设计的理念密切相关，设计的生态化通常包括环境、文明意识以及生活方式等。

更为关键的是，生态设计是改善人与自然之间关系的一个十分重要的契机，它是在以人为本的基础上提出的尊重生命与环境的理念，强调人的生命与生存环境中的各种生命息息相关，没有对环境资源和其他生命的保护与尊重，就没有人类的未来。在现代社会经济及生产条件下，减少破坏生态环境，摒弃以往那种唯外观、唯利以及机械至上的设计理念，这也是生态设计所倡导的设计主张与理念，即利用有机整体性观点及生态化整合手段使生态环境以及构成环境的各种因素从孤立、静态、无序的设计转变成一种健康、有序、和谐、生态的设计理念。倡导保护环境的设计其本质为人的设计，目的是为人类建立和谐的自然生态环境以及健康的社会生态秩序。

人类是自然生态环境中一个最重要的组成部分，良好的生态环境有利于人类的健康成长。生态设计的目的是更好地服务人类和地球环境，使社会文明得以发展和提升，将设计的成果在人们日常生活使用过程中潜移默化建立起生态意识，这便是文明的进步，同时这种社会意识将影响到社会的各个领域。生态平衡是人与自然生态之间的一种平衡，同时也是一种生态与心态之间的平衡，它调整与整理整个生态系统与人类情感，具体体现在设计成果的快速更新、科学技术的不断进步，并且能够改变长期以来的那种挥霍、浪费的生活方式，也就是生态设计会对人类思想、行为、生活、工作方式等都产生深刻影响，有利于人类社会和自然环境健康地发展。生态设计的终极目标是为了追求人类社会生活的价值以及构建一种全新的生产、生活方式，而且这种方式是与自然生态系统运用方式相辅相成，并使人类与自然生态环境都能实现存在价值的最大化。

二、生态设计的理论与原则

（一）生态设计的理论依据

1. 符号消费理论

在物资贫乏的年代，人们关注的是产品的物理功能的好坏，只要一件物品的物理功能还存在，人们就不会把它处理掉。随着生活水平的提高，人类社会进入符号消费的时代。在符号消费时代，商品不仅仅具有传统经济学所认为的使用价值和交换价值，还具有符号价值。人们购买商品不再仅仅考虑其物理功能，而更加关注其代表的符号意义。当消费的重点从物理功能转移到符号意义上时，传统的物理淘汰策略对于生产者增加销售量而获取更多利润来说就显得不是那么有效，为此，他们发展出一种新的盈利策略，那就是心理淘汰。生产者不断地改变其产品的风格，然后在媒体上进行大量的广告宣传，使消费者对他们目前的产品产生不满足感，从而促使他们不断对其物品进行更新换代。

消费减少了人与物交往的机会，比如，以前人们为了取暖需要自己去收集木柴，点燃木柴并不断地往火堆上加柴以维持火的燃烧，而现在，人们全部要做的仅仅是按动一个开关，就可以源源不断地获取热量。本来需要我们去做的事情全部委托给了隐藏在空调背后的机械装置，而我们在享受消费带来的便利的同时也被剥夺了参与其中的机会。因此，在符号消费时代，商品所具有的心理属性成为决定产品寿命的主要因素。在这种情况下，如果生态设计还是仅仅关注产品本身的生态效应，而不关注产品对用户心理产生的潜在影响，那么目前的生态设计就不能很好地发挥其作用，如果生态设计者还只是关注产品的物理功能而忽视用户的心理因素，即使产品本身具有强大的环境保护属性，也逃脱不了被抛弃的结局。鉴于此，有必要在生态设计中加入对人的心理因素的考量，把产品本身的环保属性和产品的心理寿命联合起来进行考虑，而不是像以前那样仅仅关注产品本身的环保属性。

2. 节能设计理论

随着中国经济的高速发展，人们的生活质量得到显著提高。建筑业高速发展，其高损耗的设计方案常常造成严重的浪费和环境破坏，所以在建筑业的设计中，必须要走生态节能的发展道路，树立生态节能的设计理念，实现生态节能的可持续发展。在建筑设计领域，传统的建筑设计常常体现为高耗能的特点，随着人们环保意识的增强，人们不仅要求建筑要有较高的舒适性和可用性，而且要求建筑设计要有生态节能的理念，使用节能设施。

建筑总体规划在节能设计方面需要考虑的是建筑中的所有元素，包括所在区域、地形地貌、自然气候、建筑方位与布局等。夏季是否通风，冬季的采暖与采光是否合适，都关系到资源的使用在其中发挥的作用。建筑的组合也会关系到资源的使用。一些高层建筑在形成群体后，会出现人工的回旋涡流，这会使最初的设计受到影响，阻碍了自然风和自然采光的使用。因此，在现代建筑中，各个单体建筑的组合也要充分考虑进去，利用一些混合带状式布置法调解人工技术造成的环境限制。建筑平面设计在建筑节能中发挥的作用也是非常巨大的。首先可以通过建筑材料的使用来节约成本，控制能源的消耗，这是基础材质环节对于能源的节约，是物质基础上必然的要求。我国所处的地理环境最好的朝向应该是坐北朝南，这样的空间利用率最大，采暖、通风、采光等具体的自然能源的使用也会更适合人们的居住，提高舒适度。建筑节能是一项十分复杂的工作，需要将节能理念贯穿整个建筑工程的实施过程中。而建筑节能设计作为建筑项目的核心环节之一，是建筑节能的关键，因此，对建筑节能设计及其理论基础进行研究，对于从根本上防止能源浪费，保证节能工作的顺利完成，有着重要意义。

3. 生态美学理论

生态美学产生于后现代经济与文化背景之下。迄今为止，人类社会经历了原始部落时代、早期文明的农耕时代、科技理性主导的现代工业时代、信息产业主导的后现代。所谓后现代在经济上以信息产业、知识集成为标志，在文化上又分解构与建构两种。建构的后现代是一种对现代性反思基础之上的超越和建设。对现代社会的反思是利弊同在。提出生态美学的概念是为了适应现实的需要、社会的需要、文化的需要。具体地说，是适应经济社会转型的需要，学科的发展是随着经济社会的发展而前进，社会的发展会产生新的学科理念。由工业文明到生态文明的转型，也可以说由工业文明到后工业文明的转型。新的生态哲学观必然引发新的美学观念。当代的生态美学就是基于生态哲学基础上的美学思考。它从自然与人共生共存的关系出发来探究美的本质，从自然生命循环系统和组织形态着眼来确认美的价值，其宗旨是对生态环境问题予以审美观照，重建人与自然和社会的亲和关系。

生态美学，就是生态学和美学相结合形成的一门新型学科。生态学是研究生物与其生存环境相互关系的一门自然科学学科，美学是研究人与现实审美关系的一门哲学学科，这两门学科在研究人与自然、人与环境相互关系的问题上却找到了特殊的结合点。生态美学虽然在美学层面离不开作为审美体验者的人，在价值层面更是以人的生存幸福为最终目的，但对自然对象的科学认识则是它成立的前提。作为从自然出发的美学，它最重要的理论贡献，应是基于自然的整体性、有机性和生物多样性对自然美做出的新诠释和新判断。至于人与自然的审美关系问题、人存在的幸福问题，已天然地包括在对自然美的重新认知和发现中。也就是说，只要解决了自然美的生态定位，人与自然的关系必然是迎刃而解的。

（二）生态设计的主要原则

1. 整体有序原则

随着人类对自然资源消耗的持续增加，恢复退化的生态系统和合理管理现有的自然资源日益受到国际社会的关注。基于过去的教训，人们认识到单一追求生态系统持续最大产量的观点必须改为寻求生态系统可持续性的观点，资源管理也应从单一资源管理转向系统资源管理，因此，生态系统管理的理念应运而生。复合生态系统是由许多子系统组成的，在一定条件下，各子系统相互联系，它们相互作用而形成有序并且有一定功能的自组织结构。所谓有序是指系统有规律的运动状态。整体有序原则认为系统演替的目标在于功能的完善，而不是组成部分的增长，一切组成部分的增长都必须服从整体功能的要求，任何对整体功能无益的结构性增长都是系统所不允许的。生态系统的尺度可大可小，生态系统的边界也并非能够轻易地区分，但是，生态系统总是作为一个相对独立的生命整体存在的，从多个方面体现出其生态整体性。基于这一点，在生态系统管理过程中，必须充分认识生态系统的整体性内涵，尊重系统的生态整体性，按照整体性原则办事，最终达到科学管理的目的。具体地讲，生态系统管理理论强调，无论是政府部门，还是个人，都应该用生态学知识更深刻地理解资源问题，理解生态系统结构、功能和动态的整体性，强调要收集生物资源和生态系统过程的科学数据，强调一定时空尺度上的生态整体性与可恢复性，强调生态系统的不稳定性和不确定性。

生态系统管理理论强调人是自然生态系统的一部分，这与我国天人合一的传统思想相一致，人与自然共同构成了相应尺度的生态系统，共同存在于统一体中，这就要求在实施生态系统管理的时候，要兼顾人与自然的共同发展。任何生态系统都是由多种生物和非生物成分共同组成的，有着自己特有的组成、结构和功能。在生态系统管理实践中，不能忽视任何一个组成部分，否则，必然会割裂系统内各组成部分的必然联系，从而破坏生态系统的完整性，最终导致不可持续。

2. 循环再生原则

生物圈中的物质是有限的，原料、产品和废物的多重利用及循环再生是生态系统长期生存并不断发展的基本对策。生态系统内部应该形成网状结构和生态工艺流程。可持续发展要求在复合生态系统之内建立和完善这种循环再生机制，使物质在其中循环往复和充分利用。这样可以提高资源的利用率，而且可以避免生态系统的破坏，使资源利用效率和环境效益同时实现。这里是根据生态系统中物质不断循环使用的原理，将建筑中的各种资源尤其是稀有资源、紧缺资源或不能自然降解的物质尽可能地加以回收、循环使用，或者通过某种方式加工提炼后进一步使用。同时，在选择建筑材料的时候，要预先考虑其最终失效后的处置方式，优先选用可循环使用的材料。

循环经济以资源节约和循环利用为特征，强调低开采、高利用、低排放。所有的物质和能源能在这个不断进行的经济循环中得到合理和持久的利用，以把经济活动对自然环境的影响降低到尽可能小的程度。这一定义不仅指出了循环经济的核心、原则、特征，同时也指出了循环经济是符合可持续发展理念的经济增长模式，抓住了当前中国资源相对短缺而又大量消耗的症结，对解决中国资源对经济发展的制约具有迫切的现实意义。在生态经济系统中，增长型的经济系统对自然资源需求的无止境性，与稳定型的生态系统对资源供给的局限性之间就必然构成一个贯穿始终的矛盾。围绕这个矛盾来推动现代文明的进程，就必然要走更加理性的强调生态系统与经济系统相互适应、相互促进、相互协调的生态经济发展道路。生态经济就是把经济发展与生态环境保护和建设有机结合起来，使二者互相促进的经济活动形式。它要求在经济与生态协调发展的思想指导下，按照物质能量层级利用的原理，把自然、经济、社会和环境作为一个系统工程统筹考虑，立足于生态，着眼于经济，强调经济建设必须重视生态资本的投入效益，认识到生态环境不仅是经济活动的载体，还是重要的生产要素。

3. 尊重自然原则

从人类诞生起，人类生存需要的生活和生产资料都来源于自然。大自然赋予人们生命，而人们也需要在大自然环境下发展和完善自我。但是，随着人类居住条件的改善及科技的进步，室内设计更多地采用了人工照明、空调地暖等现代化设施，根据事实显示，人类长期生活在这种环境下会感到烦躁和郁闷，这种设计根本不符合人性化的发展需要。因此，在室内设计中加入自然风，建造一个使人的身心都能得到放松惬意的居住环境已经成为室内设计领域发展的新方向。

在室内设计中，走自然风尚的可持续发展之路已经成为室内设计的必然发展趋势。室内设计的自然风特征主要是在满足室内功能下，通过对自然元素的提取，使室内设计的形体、色彩、光照、质感达到整体的和谐一致，即采用自然的独特语言设计室内物体的材料、色彩和景观，并呈现出自然和谐的主题和意境。室内设计的自然风特征主要表现在建筑室内的用材上尽量选用自然的原木、石板、竹和棉麻等天然材质，这些材质虽然比较粗糙，但是能够调节室内的气温和湿度，适合人体和居住环境之间达到和谐。这些自然质朴的用材还能够表现家居装修的自然风尚，比如在设计茶几和书桌时裁掉多余的装饰，露出原木自然的肌理，让居者感受到凉爽清新的自然风。大自然给人以五彩斑斓的色彩，并通过这些色彩和人的审美意识产生共鸣，所以在进行自然风的室内设计上，应该从大自然的动植物身上提取合适的色彩进行建筑室内的色彩装饰，营造和谐的自然氛围。

4. 公众参与原则

生态设计强调人人都是设计师，人人参与设计过程。生态设计是人与自然的合作，也是人与人合作的过程。传统设计强调设计师的个人创造，认为设计是一个纯粹的、高雅的艺术过程，而生态设计则强调人人皆为设计师。因为每个人都在不断地对其生活和未来做决策，而这些都将直接影响着未来。从每天上班出行的交通方式到选择家具、装修材料、水的使用、食物的选购、垃圾的处理甚至于包装袋的使用，都是一个生态设计过程。

三、生态文明的概念与要求

（一）生态文明的相关界定

1. 生态文明建设

生态文明是随着人类文明发展而展现出来并为人类所认识的一种新的文明形式，生态文明理论涵盖了全部人与人的社会关系和人与自然的关系，涵盖了社会和谐及人与自然和谐的全部内容，是实现人类社会可持续发展所必然要求的社会进步状态。它使人类社会形态及文明发展理念、道路和模式发生了根本转变。生态文明的新理念是继科学发展、和谐发展理念的更高程度的升华。社会主义的物质文明、政治文明和精神文明是生态文明的前提和基础，同时生态文明又反作用于三个文明，有力地促进三个文明的发展。生态安全如果无法保证，那么人类就会陷入严重的生存危机。社会主义决不能走资本主义工业文明模式，因为那已经被证明是一种错误的发展模式，只有超越工业文明模式，追求生态文明，才能有效应对生态环境的恶化，达到既发展经济又保护环境的目的。

2. 生态社会主义

人类历史的发展证明，自然为人类社会的存在和发展提供了物质基础。因此，人类要深刻地认识，自然是人类生存的空间，是人类创造生活的舞台这一基本的生态哲学观。人类对自然界的开发和利用，必须符合自然规律，要以良好的自然生态环境为基础，如果把人类凌驾于自然界之上就破坏了生态环境，人类的可持续发展则无法实现。自然是人类唯一的生存环境，虽然当今科学技术迅猛发展，但是人类社会发展的物质基础仍然是自然界。

社会主义生态文明观是新时代中国特色社会主义的重要组成部分，凸显了社会主义的公平正义的核心理念，特别强调人民群众利益至上的原则是生态文明建设的目的和归宿，深化和发展了唯物史观的基本理论。当代生态危机的特点是全球性的，这就必然要求世界各国必须把民族利益、阶级利益和全人类的利益相结合，才能够彻底解决人类面临的困境问题。当今世界各个国家和地区的竞争中，生态文明建设水平已经成为一个不可或缺的基本部分，生态文明建设更是一场涉及诸多方面内容的、系统性、全方位的革命性变革。因此，对于生态问题的治理必须站在整体性的立场上，运用系统思维的原则。

3. 生态经济法制

经过数个世纪市场经济的发展，人类的生产生活模式有了翻天覆地的变化。人们对物质生活水平的要求越来越高，但是地球生态环境受到人类深度影响，地球自身的生态循环系统受到极大破坏，有限的环境空间已不能满足人们的需求。人类在反省过去，思索未来的发展方向。生态经济概念顺势而生，与此概念相似的还有低碳经济、循环经济、节能经济等概念。人们在研究各个经济模式的过程中，达成了发展生态经济的共识。生态经济模式成为引领国际社会和我国未来发展的方向，在探索过程中，出现了很多问题、困难。从我国的具体国情出发，急需探索一条保持经济系统良性循环的道路。

（二）生态文明的核心要求

1. 革新生态思想观念

生态文明产生于人类与自然的矛盾，这一矛盾不断推动生态文明前行。矛盾的发展与文明的前行之间并非简单联动的关系，而是需要人们付出巨大的努力才能实现。这说明，生态文明成果的取得不是单纯的自然演化过程，而是一个复杂的社会历史过程，即生态文明需要建设。生态文明建设具有多层面指向，是一个实施规模庞大的系统工程，需要全社会各方面共同努力，任何单一的努力都不可能达到预期的目的。生态文明成果既包括物质文明方面的生态成果，也包括精神文明、政治文明方面的生态成果，这就决定了生态文明建设的实现途径必须注重对物质世界和人类精神世界的双重改造。这既涉及对人类社会现有价值观、价值体系、伦理公德的重构，又涉及对现行社会经济发展模式的改造，更直接作用于人们现有的生活方式。说生态文明建设是人类社会发展史上具有划时代意义的活动，一点也不为过。

生态文明观念是生态文明精神成果的一种形式，是对人类生态文明的主观反映和理性提升。生态文明建设要求人们超越人类中心主义，肩负起对社会、经济可持续发展的责任，维护稳定和谐的责任，保护自然生态平衡的责任、保护社会生态环境的责任，成为负有社会责任的人，即以追求社会公平、社会安全、社会稳定、社会公益、社会保障目标的实现为己任的人。生态文明观念无论是作为生态文明的精神成果，还是作为相对于社会存在的社会意识，都具有其主观能动性。在生态文明建设实践中，生态文明观念使人们以创造良好的生态环境为目标，自觉而现实地承认和尊重自然界的客观独立性，尽最大努力正确认识、理解和掌握自然物的本质、属性及其发展规律，并按照发展规律的要求去改造自然界，进行对象化的实践活动。人们只有在生态文明观念的引领下，才能合理而有效地改造自然，并使自己的目的、愿望等本质力量顺利地实现，从而体现出人与自然的全面关系。只有共赢，才能保证生态安全，才能维持公平与正义，才能实现整体的综合效益最大化。

2. 丰富生态教育形态

中国是世界上唯一一个拥有五千年不间断文明的国家。我们的祖先世世代代在这片土地上生存，积累了丰富的生态经验，需要我们认真筛选，继承生态历史遗产。生态教育中应该包含的基本内容：哲学层面的有机论思维方式，生态方面对农时的科学认识，制度层面的设置专职资源管理的机构和成员，经济层面的有机农业模式等。在继承历史生态遗产的同时，我们还必须加强当今中国生态现状的教育。不同地域自然条件的差异造就了各地独特的文化形态。在绵延的历史之河中，不同地区的人们在理解自然的基础上发展起与之相适应的地域文化，形成了人文与自然交相辉映、自然与人文和谐共生的传统。然而现代社会出现了人文与自然的疏离，导致人类对自然的漠视与破坏。因此，重塑人文与自然的融合是生态教育的时代使命。

生态教育是可持续发展的重要基础，生态意识和生态道德的形成，有赖于生态教育体系的建立和生态教育的全面展开。环境教育是生态教育的一部分，生态教育的目的是解构人类中心主义的生态伦理观，从而倡导人与自然和谐共处的生态伦理观。生态教育的实施类型，一方面是将生态教育纳入正规的国民教育体系，在全国范围内从小学到中学设立专门的生态教育课程，系统塑造受教育者的观念和行为方式；另一方面是在社会教育中纳入生态教育的内容，这既是对学校教育的延续和补充，又有利于提高全社会的生态意识和生态保护氛围。从实施途径上看，在生态教育中应当大胆地运用包括广播、报纸、杂志、宣传栏等传统宣传渠道，以及网络、短信等现代化的信息传播工具，传播生态知识、生态伦理、生态道德。重视生态保护社会团体在生态教育中的作用，鼓励人民群众通过各种方式参与生态民主监督。通过教育与实践的双重途径不断提高社会生态文明意识。

3. 努力推进国际合作

由于人口的剧增及不合理的生产方式，导致生态系统的稳态遭到破坏，大量动植物从地球上消失或是濒临灭绝，严重破坏了生物的多样性。每年的世界气候大会就是为了应对全球气候变化召开的。全球气候变暖导致冰川开始缓慢地融化，全球海平面也随之上升，沿海海拔较低的国家、地区面临被海水淹没的危险。生态环境问题全球性的产生是由于人类无节制的工业化大生产对自然造成的破坏，经济全球化进一步刺激了生态环境问题由区域性发展为全球性。归根结底生态环境问题发展为全球性，是因为整个地球是一个有机的整体，一个地区的环境污染通过水循环和大气循环系统可以扩散到整个地球。水污染产生的主要原因是人类生产生活产生的废气、废水、废渣未经处理排放到河流、海洋，经过地球水循环后，陆地上的污染水通过水分蒸发到空气之中，经过空气流动转移到其他地方。而海洋污染经过洋流运动，在全球海洋中进行转移。

生态问题无国界，处理不好就有可能演变成国与国之间的经济纠纷、贸易纠纷、环境纠纷，甚至引发政治对立和武装冲突。在政治上，郑重履行我国已参与的与生态环境保护和治理有关的国际公约所要求的责任和义务，积极主动参与有关国际交流，并谋求在相关新的国际规则制定中保持主动。在经济技术上，注重对国际先进环保技术的引进和利用，组织好外贸政策、关税制度等方面的国际交流与改。积极、务实地推动我国生态文明建设的国际交流与合作。

四、生态文明的建设与趋势

（一）生态文明的建设意义

1. 优化人与自然关系

大自然孕育了人类，人类与自然结下了不解之缘，人类的命运始终与自然的存在和发展密切相关。人类与自然构成了世界的过去、现在及将来，纷繁多变而又源远流长。文明产生于人类与自然的矛盾，人类在认识自然、改造自然的过程中，创造了一个又一个光辉灿烂的文明，人类文明的进程和人与自然的关系息息相关。纵观人类历史的长河，人类文明发展并不总是一个与自然相协调的过程，生态文明作为人类文明发展的一种历史状态，是人与自然关系史上的一个崭新阶段。这个阶段的确立，是一个漫长的、艰难曲折、曾经有过阵痛的历史过程。随着工业文明时代的到来，人类已经在人与自然关系中完全占据了主导地位。人类取得了征服自然、改造自然的一个又一个胜利，但在人类物质财富巨大增长的背后，逐渐面临着比农业文明时期更为严重的人与自然关系的巨大矛盾和冲突。表现为大量废弃物排向自然环境，引起空气、水源、土壤、动植物的污染，自然净化能力下降，自然资源再生能力衰减，人口数量增加，人与自然的矛盾冲突骤然全面激化。

生态文明要求人类在改造客观世界的同时改善和优化人与自然的关系，建设科学有序的生态运行机制，体现了人类尊重自然，利用自然，保护自然，与自然和谐相处的文明理念。建设生态文明，树立生态文明观念，是推动科学发展、促进社会和谐的必然要求。它有助于唤醒全民族的生态忧患意识，认清生态环境问题的复杂性、长期性和艰巨性，持之以恒地重视生态环境保护工作，尽最大可能地节约能源资源、保护生态环境。自然界是人类赖以生存和发展的基础。人类为了自身的生存与发展，需要利用自然资源，改造自然环境，但我们不能无节制地开发和利用自然资源，不能忽视自然规律去改变自然环境，更不能牺牲人与自然的和谐关系。地球的面积和空间是有限的，它的资源也是有限的，它对人类活动的承载力更是有一定限度的。

2. 提供生活物质基础

生态文明建设，能够为人们的生产生活提供必需的物质基础；生态文明观念，作为一种基础的价值导向，是构建社会主义和谐社会不可或缺的精神力量。随着日益增长的物质文化需求，人们对生活质量提出了新的更高要求，希望喝上干净的水、呼吸清新的空气、吃上放心的食品、住上舒适的房子等。创造一个良好的生态环境，使自然生态保持动态平衡和良性循环并与人们和谐相处，比以往任何时候都显得更加迫切。如果没有一个良好的生态环境，便无法实现可持续发展，更无法为人们提供良好的生活环境。牢固树立生态文明观念，积极推进生态文明建设，是深入贯彻落实科学发展观、推进中国特色社会主义伟大事业的题中应有之义。除了是以实践思维方式立论与纳入社会有机体的整体入手之外，生态文明建设又必须突出以人为本。这里的以人为本就是生态文明建设是由人提出的，又必须由人来作为，最终又是为人的，其价值手段是为物即外物或自然物质世界，而价值目的是为人即人物或人类生活世界。

自然界为人类的生存和发展提供必需的资源条件和物质产品。人既然是从自然界这个母体脱胎出来，是自然界进化发展的产物，那么自然界就是人类的衣食父母，自然界就自然会为人类的生存和发展提供必要的物质生存条件。自然界中的各种植物、动物、土地等自然资源，一方面作为人类自然科学研究的对象，另一方面又是为人类的生存和发展必需的自然产品，不管这些产品是以什么形式表现出来，它们都为人类的生存和发展提供了必要的条件。人类的生存和发展依赖自然界，依赖自然界向人类提供的自然品。如果没有大自然这个衣食父母为人类提供的生存物质，人类就不会存在，更不会有后来人类的进化与发展。

3. 助力实现和谐社会

任何社会都不可能没有矛盾，人类社会总是在矛盾运动中发展进步的。构建社会主义和谐社会是一个不断化解社会矛盾的持续过程。构建社会主义和谐社会，是对社会主义建设规律认识的深化，丰富和发展了中国特色社会主义理论。构建社会主义和谐社会，拓展了中国特色社会主义建设的领域，使社会建设成为与中国特色社会主义经济、政治、文化建设具有同等地位的一个崭新层面。中国特色社会主义是一个全面发展、全面进步、全面现代化的社会。

构建社会主义和谐社会，是中国共产党从全面建成小康社会、开创中国特色社会主义事业新局面的全局出发提出的一项重大任务，适应了我国改革发展进入关键时期的客观要求，体现了广大人民群众的根本利益和共同愿望。生态文明是人类实现人与自然、人与人之间和谐相处的一种社会形态，它涵盖了全部人与人的社会关系和人与自然的关系，涵盖了社会和谐及人与自然和谐的全部内容。生态文明观的核心就是人与自然、人与社会和谐相处。良好的生态环境本身就是构建社会主义和谐社会的基本要素。构建社会主义和谐社会必须高度重视生态文明。生态文明是和谐社会与文明建设的支撑点，关系到巩固党执政的社会基础和实现党执政的历史任务，关系到全面建设小康社会的全局，关系到党的事业兴旺发达和国家的长治久安。构建社会主义和谐社会，是对共产党执政规律认识的深化，是党执政理念的升华。中国共产党是中国特色社会主义事业的领导核心。作为一个掌握全国政权并长期执政的党，只有认真研究和掌握执政规律，不断完善执政方略，提高政治能力，才能有效地推进中国特色社会主义事业。构建社会主义和谐社会，进一步体现了党执政的本质要求。

（二）生态文明的发展趋势

1. 全球化趋势

随着经济全球化的深入发展，国际产业分工加快重组，中国面临巨大的环保时代挑战。在国际产业链中，我国由于自主知识产权产品较少，处于不利的分工地位，许多时候成为低端产品的世界工厂，付出了资源和环境的巨大代价。在这样的背景下，我们要有效地回应挑战，必须切实贯彻落实科学发展观，调整环境与发展的战略关系，转变经济增长方式，把握发展规律，创新发展理念，破解发展难题，提高发展的质量与效益，才能推动中国特色社会主义建设又好又快地发展。

经济全球化的本质,是市场机制支配下的生产要素及其产品和服务的全球流动与重新配置。在经济全球化条件下,我国处于全球产业结构调整的下游,因而承接着产业转移和积聚的污染风险,加剧了局部地区的环境问题。我国已进入工业化中后期,这一时期的产业结构特点是重化工业加速发展,资源能源消费增加。我们国家提出,坚持走可持续发展道路,按照科学发展观的指导思想,探索建设资源节约型、环境友好型的新路,重视重化工业的层次提升和节能减排的结构调整与技术进步,避免一些地方盲目发展和引进化工业项目造成高能耗和高污染。

2. 可持续趋势

可持续发展作为一种理论和战略,是人类为了克服人口、经济、社会、环境和资源等问题,特别是全球性的环境污染和广泛的生态破坏,以及它们之间关系失衡所做出的战略抉择,也是国际社会对工业文明和现代化道路深刻反思的产物。可持续发展战略以其深刻的思想、丰富的内涵、深远的立意为世人所认同,它不仅给人类指出了一条生存与发展的正确道路,同时也向人们展示出一种崭新的价值取向,那就是生态文明。人类社会的持续发展和全面进步,不仅需要以物质文明为基础、精神文明为指导,更需要以生态文明为支撑。促进经济、社会和生态环境的协调发展是可持续发展战略的本质特征。

可持续发展强调人类要珍惜自然、尊重自然、爱护自然,与自然界和谐相处,彻底改变那种认为自然界是一种可以任意索取和利用的对象,而没有把它作为人类发展的一种基础和生命源泉的错误态度。这一新的发展思想指出,发展是整体的、综合的、内生的,经济只是发展的手段。从目的上看,发展是为了满足人的需要,而这种需要不仅是物质的需要,还包括各个民族的价值及社会、文化和精神的需要,以及发展不能损害当代人的生活条件和健康,更不能损害代与代之间的资源能源的均衡等。这使我们彻底突破了过去那种单纯为追求经济增长的传统发展模式,将发展指数放在全局战略的视角上,思考中国实现什么样的发展、怎样发展等重大问题,以及怎样在经济与道德、效率与公平、工具与目的、眼前与长远、局部与全局、当代与下代的关系上协调发展。

3. 法治化趋势

我国正在稳步实施全面深化改革和全面依法治国战略,深入推进国家治理体系和治理能力现代化,而生态文明法制建设正是其中的重要内容。治理能力现代化的重要标志就是法治,而解决当前日益恶化的生态环境问题当然离不开法治,作为应对和解决环境问题的生态文明法制建设本身就是治理体系现代化的核心内容。建立健全良好的法律制度并确保其实施,是生态文明建设的基本途径。生态文明法制建设有关理论问题的研究,对当下正在进行的生态文明体制改革来说,意义重大。任何法律制度都是一系列复杂社会条件的产物,不存在普适的、放之四海而皆准的法治模板。生态文明法制建设必须面向中国的实际,解决中国特定情境下的生态环境问题,构建起中国特色的生态文明新秩序,所以深入分析我国生态文明法制建设的必要性问题,实为科学而明智之举。

第二节　环境艺术设计与审美的生态指向

一、环境艺术设计的概念与特征

随着 20 世纪后期生态和可持续理念在全球范围内的兴起，人类开始思考工业文明所引发的生态环境危机，以及以生态文明为目标的人类社会未来的发展对策。而环境设计的创作思路也面临着如何由单纯的商业产品意识向环境整体的生态意识转变，以及如何进一步协调人工环境与自然环境之间的关系时代需求。艺术设计领域中生态意识的日益高涨赋予了当代环境设计以特殊的使命。

（一）环境艺术设计的基本概念

"环境艺术"的概念出现之初，其指向的是某种艺术流派或多种艺术流派中的艺术创作。环境艺术，指人们将生活环境中的材料和空间作为媒介和场所，通过人的行为和具体的表现形式，创作出能体现人与环境之间密切联系的作品。这种形式的环境艺术是一种表达观念的艺术。也有不少学者认为环境艺术不再局限于一种特定艺术流派，而是对多种艺术形式中能够体现创作与环境结合的一种概括。因此，波普艺术中有环境艺术的影子，地景艺术也可以看到环境艺术的观念或形态。在欣赏和体验这样的环境艺术创作时，作品不再是简单的雕塑或建筑一般出现在人们眼前的固定事物，而是环绕在人们周围的整体环境。国内将"环境艺术"等同于"环境艺术设计"是目前学术界普遍存在的一种认识因此，这里的环境艺术不再是西方环境艺术中的艺术观念，而是环境艺术设计专业的研究范畴。

这里必须指出，以"环境艺术"来指向"环境艺术设计"造成一个明显的问题：在与西方设计院校和学者进行交流的过程中，我们的"环境艺术设计"很容易被对方理解为与西方的"环境艺术"相关的"环境艺术的设计"这一指向。因为在西方的学术和院校体系中，环境艺术与环境艺术设计是可以被理解的，但没有"环境艺术设计"这样的称谓。这种名称上的障碍在一定程度上限制了中国环境艺术设计在国际化的背景中与世界其他文化的进一步融合和交流。

对于环境艺术设计这样一个从 20 世纪 80 年代末期才开始兴起的学科，其自身还尚未形成一个明确的概念和理论体系。在今天的概念下，环境艺术设计更多指向了"环境的设计"这一词义。这种环境艺术设计包括对于自然、人工和社会三个维度的设计思考，围绕环境中的建筑主体而展开。环境意识在整个环境艺术设计过程中发挥着至关重要的作用。相对于前文提到的几种概念来说，这一定义更为综合和具体，对于环境艺术设计的相关内容和特征总结得更为全面和系统。

对于当代环境艺术设计的理解，应该体现在两个层面上，即观念层面和技术层面。

1. 在观念层面上

环境艺术设计应该形成一种能够指导当代设计学发展的价值观念和理论体系。在党的十八大提出"加强生态文明建设"和全球可持续发展蓬勃发展的时代背景下，设计学的发展和定位必须与之相适应。实现这些目标需要有相应的制度作保障，而对于设计来说，确立环境意识就是其自身的"制度"基础。观念层面上的环境艺术设计必须具备符合生态文明和可持续发展建设目标的价值观念，体现尊重自然环境、延续人类文化历史和为人类社会发展提供优化的可能性。在观念层面上探讨环境艺术设计要求我们不再局限于狭义的人工环境，而是转向更为广泛的对于围绕和影响人类生存的周边一切环境展开的思考。这里所探讨的生态审美观念正是基于这样一种整体维度的思考，其中必然涉及经济、文化、政治、社会等多方面的综合因素，是环境设计在观念层面接近、走向可持续发展和实现生态文明建设的一种尝试。

2. 在技术层面上

环境艺术设计应该具备一种能够指导实践专业活动的方法论，是一门强调社会性、实践性、整体性、系统性的应用学科。环境设计以环境中的建筑为主体，通过技术与艺术的手段对自然、人工和社会环境之间的复杂关系进行协调处理，力求实现三者之间的和谐状态。环境艺术设计是围绕人类生活和居住的环境而展开的，人是空间环境中的主体对象，根据人与空间环境的具体关系可以划分为宏观、中观和微观三个尺度。宏观尺度下是针对城市环境空间而展开的，即对城市人工环境的要素关系加以优化和调整。环境艺术设计根据不同空间类型的区域功能运行状态，规划出相应的空间形态和组织形式，这是一个复杂空间的整体协调工作。中观尺度下的环境设计是对建筑及其周边环境中的建筑实体和动态虚形的界面关系、形态特征、材料选用、空间组织等因素的协调。这些形态和关系对人的使用和心理产生了复杂的影响，人们的审美评价是这些环境因素的集中反映。微观尺度下的环境艺术设计围绕室内空间环境而展开，是协调人的使用和审美需求与室内空间中的设施、装饰形态、家具陈设等因素之间的复杂关系。

总体上说，环境设计所囊括的范围十分广泛，涉及人们现实生活中所处的各个尺度下的空间场所，是协调其内部各种因素复杂关系的整体过程。人类理想的生存环境应该建立在整个生态系统的良性循环基础之上，人与自然和社会环境之间的共同可持续发展是环境设计追求的目标。环境设计所创造的整体和谐，不仅是对环境中的实体形态，如建筑、景观、室内造型的合理塑造，更应该考虑人作为参与者在环境中的感受以及其动态的行为状态和复杂的需求，同时也必须将生态因素入其中。这是实现"中国艺术设计生态环境战略与可持续发展的结构体系"的根本途径。

（三）环境艺术设计的专业特征

在 21 世纪的今天，科学技术的发展彻底改变了人类的生活方式和思考方式。计算机、互联网、第三次技术革命引发的新技术和材料的日新月异将人类社会推向了飞速发展的高峰，而由此引发的能源和生态危机则对人类社会的发展提出了全新的挑战。因此，如何协调人、自然和社会的相互关系也是环境设计体现生态文明原则的重要内容。环境设计是针对人类生存空间进行的综合设计系统，在对某一特定的环境场所进行设计思考的过程中，环境设计必须考虑使用者在物质功能、精神功能和审美享受等方面的需求，结合各种技术与艺术的方法对项目进行有计划的全盘考虑。环境设计工作者如同指挥家或导演一样，选择是他设计的方法，减法是他技术的常项，协调是他工作的主题。现阶段的环境设计呈现出以下几点专业特征。

1. 环境艺术设计体现了鲜明的环境意识，即以自然环境为根本出发点

从室内设计到环境艺术设计，再演变到今天更加综合的环境设计，不仅是学科内容形式上的转变，更是新时代背景下环境设计专业的一次质的飞跃。应对生态危机而展开的可持续发展战略本质上是人类对自身在工业社会中肆意掠夺自然的行为所导致的后果进行的一种当代反思。环境设计中提倡以尊重自然为基础，应该放眼于长远利益，任何形式的设计都不应该以损害自然环境的利益作为代价。凌驾于自然之上的设计行为给人类社会造成的危害已经有目共睹，今天的生态危机正是由工业文明中坚持以人为中心和经济至上价值观念所导向的产物。环境设计需要将创作的出发点从以人的需求出发，调整到以自然环境出发这一基点之上，时刻以生态环境的整体利益约束利己主义思想的蔓延，力求通过环境设计的创作将人与自然环境协调有机地结合在一起，实现整体最佳的运行状态。从人类及其环境世界是自然的显现的角度来看，自然是人类赖以生存的根基，人是自然不可分割的一部分。尊重自然环境是协调生态系统全部元素以达到最终和谐的运行状态的先决条件，是在当代中国构建可持续发展结构体系、全面推进"生态文明建设"和实现小康社会发展目标的根本保证。

2. 环境艺术设计呈现出一种时空表现的动态特征

环境设计中的"空间"是由不同形态的空间要素综合形成的。其中点、线、面作为最基本的构成要素，通过运动交织成了具有体量的各种空间单体形态或群体构成，这是空间中的静态实体因素，空间形态正是通过这些实体的限定方式得以呈现出不同的状态。同时，静态实体之间存在着丰富多样的虚空间，其中蕴含着一种相对动态的灵活形式。与实体空间相比，虚空间作为过渡空间不容易为人所察觉和掌握。在观察和体验空间的时候，人们更多地关注那些看得到的实体，如建筑、路灯、树木和设施。但这并不代表虚空间可有可无，因为正是通过虚空间，我们才能更准确地把握实体在环境中的体量、比例以及与周边建筑的关系。环境设计中的空间要素是由这些静态实体和动态虚体共同交织形成的空间组合方式。同时，环境设计中光有空间要素是远远不够的，必须意识到时间的重要性。在"时间"因素的作用下，空间不再停留在静止的状态，而是立体流动的空间。时间因素的流动包括时间的流逝和作为主体的人在空间中运动时自然时间的变化可以影响光线明暗、色彩、光影等条件的改变；而体验者自身在空间中位置的变化则引起了观赏视角、速度、距离等因素的改变。环境设计正是在这种变动不居的状态下得以呈现，通过时空因素的影响，人们对环境作品的感知体验更加综合和立体。

3. 环境艺术设计强调环境体验和审美的相互结合

无论是环境艺术还是环境设计作品，都应该具备环境美学所设定的环境体验要求。对环境的体验不同于以往对于艺术品的体验。首先，环境设计体验的范畴更为广泛和抽象。对特定艺术品的体验往往集中于单独个体，其欣赏和感知的范畴相对局限于艺术品自身之上，而体验环境设计作品应该突破主客二分的对立状态，审美和体验的范畴蔓延到更为整体的环境领域。其次，环境设计体验的途径更加整体化和多样化。以往人们欣赏艺术品的美更多的是通过某一种或多种感官来获取，而环境设计的体验需要调动所有的感觉器官来形成综合的整体感受。这种体验过程中人的参与性更强，形成的体验也更加完整和丰富。再次，以往的艺术作品与环境相比，艺术作品是相对静态的，而对环境的审美体验则是动态的，环境受到系统中时空因素变化的影响而处于一种不断变化的状态之中。环境设计关注人类置身的整个场所空间，了解环境不能停留在表象上的关注，环境体验是一个复杂的感知系统，是由一系列体验构成的体验链。这种综合的感知体验反映出环境的审美价值，环境中的审美要求人调动所有感觉参与其中，体验和审美是同步进行的，都是人积极参与的结果。

综上所述，当下的环境设计追求的应该是整个生态系统的良性循环和全方位的体验。在环境设计作品中，我们应改变以损害生态环境来满足人类需求的危险做法，应该承认和理解环境的价值所在。自然和人类需要平等的发展机会，人不能将个人的意志强加于自然环境之上。环境设计需要坚持以环境意识为指导来建立符合生态文明建设需求的设计观，是从自然环境出发的、具有时空体验特征的环境综合体验和审美的过程。

二、生态意识影响下的环境艺术设计

（一）生态与环境

1. 生态

"生态"一词为人们所认知是随着生态学概念的兴起而建立起来的。生态学是指：研究生物与环境及生物与生物之间相互关系的生物学分支学科。生态最初仅仅是生物学领域的一个概念，如今生态已经不再局限于生物学科，其所涉及的范畴越发广泛。生态对经济学、社会学、哲学、美学以及建筑学等领域都产生了深远的影响。国内常用"生态"来表现一种环境的理想状态，有生态城市、生态文明、生态旅游等各种用法。这里"生态审美"的提法，正是基于生态研究的当代视角，也就是突破生物学生态研究的领域，将人与其周边生态环境之间的关联性作为研究对象而展开的整体讨论。生态审美所提倡的价值取向是建立在人与生态环境和谐共存、可持续发展的基础之上。

2. 生态环境

总体上分析，生态环境不应分开理解为"生态与环境"或"生态或环境"，对于生态环境的理解不能仅仅从字面上入手，将生态环境等同于环境或自然环境的用法更不合适。对于生态环境的定义，参照《辞海》中的解释，生态环境可以概括为影响人类与生物生存、发展的一切外界条件的总合，但不能将污染等负面问题囊括其中。只有将污染等负面问题排除之后，保护生态环境、生态环境的发展等词语才有明确和积极的指向。因此，这里沿用"生态环境"这一词汇，人与生态环境的关系是研究中重点讨论的内容。

整个生态环境系统的构成是十分复杂的，生物一方面依赖其他生物和非生物条件而生存和发展，另一方面其活动也对非生物环境造成了影响。反过来，非生物环境依赖生物得以更新演变，整个非生物条件的变化也必然影响到生物本身。二者不是孤立地存在，而是相互依存，相互影响，生态环境的良性循环是整个系统内所有因素共同作用的结果。这里的生态环境并非是通常意义上的环境，生态环境是生态系统中相对于生物体系外的全部外界条件所构成的整体，包括直接或间接影响有机体生活和发展的全部内容。

这就从根本上区分了生态环境与自然环境的概念，不能简单地把生态环境理解为我们周边的自然环境。生态环境的范畴比自然环境更加广泛，自然仅是生态环境中的一个子系统，我们还必须将社会、文化等内容纳入其中。在这样一个复杂而关联的整体中，人类的活动会对生态系统中的环境因子产生影响，进而导致整个系统中生态关系的复杂变化。通常意义上，我们所关注的并非环境是否被改变或影响，而是这种变化是否破坏了环境与人以及其他生物之间的和谐状态，也就是平衡或协调的关系。

3. 环境

环境是指围绕着人类的外部世界，是人类赖以生存和发展的社会和物质条件的综合体。环境往往是相对于某一个特定的中心主体而言的，围绕主体并由外而内地对主体产生影响，这种定义很容易将环境指向与人对立的"某种"或"那个"环境，是一种主客二分的环境观念。人类社会的发展丰富了人类认识世界的视角，也带来了不同的环境定义。

自然环境是人类赖以生存、生活和生产所必需的自然条件和自然资源的总称，包括一切生命存在的必需条件，如阳光、温度、气候、地磁、空气、水、岩石、土壤、动植物、微生物以及地壳的稳定性等自然因素的总合。自然环境的变化是地球生态圈各组成部分运动变化的结果。随着现代工业文明的发展，人类越来越多地介入到自然环境之中，一味地向自然界贪婪地索取，造成了自然资源的过度消耗和自然条件的变化。保护自然环境、尊重自然环境，在保证自然环境良性循环的基础上满足人类适度需求是生态文明社会急需解决的难题。

人工环境是人类通过改造自然，在原生的自然环境基础上创造的物质环境，亦称为"第二自然"。人工环境可分为人工控制的自然、人工培育的自然和人造自然物三个不同层次，其中人造自然物是完整意义上的人工自然，是人工自然的主体。与自然环境不同，人工环境中渗透着人类的文化意识，是人类思想作用下的产物。通常意义上，一切非原生状态的环境都可以划归到人工环境的范畴，这部分环境也是环境设计作用的主体。

社会环境是伴随着人类文明在不断的发展过程中而逐渐形成的，是人类社会活动的必然产物。人类在与他人和周边群体的生活交往中，形成各自截然不同的社会交往结构和活动范围。

加之不同地域自然条件和人工条件的作用，不同的群体逐渐形成了各自迥异的民族文化、价值观念和生活习惯。这些"无形"的人文特征便形成了与自然环境和人工环境两类"有形"的环境所不同的社会环境系统。人作为社会的产物，永远无法摆脱其所处的社会背景而独立存在。环境美学尤其强调不能把环境理解为"外部的""周围的"，因为现代生态学已经逐渐使人们意识到环境是一个复杂关联的有机整体，人自身和人的社会生态过程都是整个环境中不可或缺的组成部分。

（二）"以人为中心"转向"人与自然和谐"

环境设计是主观与客观相互融会，连接人与环境和谐的整体，自然、人工和社会三类环境组成的环境整体是环境设计研究的主要对象。因此，在环境设计的创作过程中，考虑如何营造和谐统一的整体环境关系就成为最基本的要求。人类今天的日常生活已经与环境条件紧密地联系在一起，人类和其所生活的环境之间并不是完全对立存在的两方面。从某种意义上来说，人虽然时刻置身于一定的环境之中，但其本身也是构成环境的组成因子。

对于产品设计来说，产品是人们根据自身的某种需要而有意识地生产出来的物品。在产品设计的过程中，人们总结之前物品存在的种种不足，对新的产品进行功能的改进，以求满足理想中的功能需求。在基本的功能问题得以解决的基础上，产品还必须体现另一方面的特征，那就是满足购买者的审美需求，功能与审美作为产品设计终极目的是显而易见的。人类对产品及设计的需求随着新技术的发展而不断提高，为了满足人类无休止地对功能、审美的需求，我们不惜以损耗周边的自然环境为代价，人类无休止的掠夺和破坏势必会打破有限的自然资源的平衡。"后工业时代"的概念是由美国学者丹尼尔·贝尔于 20 世纪 70 年代在《后工业时代社会之来临》中首次提出的。前工业社会、工业社会和后工业社会的发展过程中，不仅是设计行为，整个人类的活动被技术至上的思维所左右，有限的自然资源在无休止的人类需求面前变得不堪重负。在日益严重的生态危机面前，人类最大的敌人不是别人，正是我们自己。

因此，如何走出"以人为中心"的人类主体论思想，转向"人与自然和谐"的生态视角，是当代环境设计面临的最大挑战。因此，在考虑设计的时候，人的需求不再是唯一的尺度，以人为中心的价值观念逐渐转向对人与环境和谐关系的思考。我们应该在环境设计中注重对环境资源的合理利用，重视环境中物种的多样性，保持环境生态系统循环的同时去思考如何打造适宜人类生活的环境，只有自然环境、人工环境和社会环境的整体和谐才能促进人类生态文明社会的最终形成。

人与自然和谐是一种符合环境美学的大环境的观念，这种大环境观超越了传统意义上的自然，将人与自然视为一个环境整体。人和自然不再是以对立形式而存在的敌我两方，虽然自然先于人产生，但没有人的介入，自然就不能称之为环境；同样，如果没有适宜人生存的环境，人也不能存在。环境设计的作品应符合人与自然和谐的整体理念，注重人与自然的相互依存和内部关联，这是生态文明视角下环境设计创作的根本立场。无论是环境设计还是环境艺术作品，一旦冠以"环境"的前缀，也就意味着其创作必然与环境发生关联，受到环境的影响或限定——

脱离环境的环境设计作品是不存在的。环境设计已渗透到人们生活和生存空间的各个领域，如宏观领域的城市区域规划以及建筑、景观和公共设施；室内环境中的家具、陈设、照明；自然环境中的山林、河流、绿地等景观；人文环境中的行为、习惯、心理、文化等都离不开自然、人工和社会环境的范畴。环境设计及环境艺术设计是基于环境生态意识的设计，是沟通和协调人与人、人与社会，以及人与自然环境之间和谐关系的桥梁。

（三）基于环境意识的可持续设计

工业文明社会中，人类中心论思想将人的需求置于环境整体利益之上，由此引发了人与生态环境之间不可调和的矛盾。生态文明社会呼吁建立一种摆脱工业文明个人主义思想束缚的发展模式，而可持续发展思想恰恰为解决人与生态环境的对立提供了一条可行之路。保持生态环境整体系统的和谐运行和良性循环是可持续发展思想所追求的目标，是从人与生态环境整体利益出发的思考方式，也是我们实现生态文明建设必须坚持的发展原则。

可持续发展问题，是人类社会由工业文明迈向生态文明必须面对的核心问题之一，其关系到人类社会的发展和生态环境的延续。可持续发展力求协调的是"人与自然"以及"人与人"之间的关系。人类需要建立一套对人与自然都有利的道德规范和行为准则，以此塑造一个和谐的、可持续的世界。"可持续"一词最初来源于拉丁词汇中的"sustinere"，指"从底部抓起"。德国第一次以"sustainable-yiedd forestry"来代表一种林业保护的方法，这是"可持续"最早作为环境方面的词汇来使用。20世纪80年代，"可持续发展"的定义得以正式确立并在全世界范围内迅速得到了公认。可持续发展思想强调代际利益关系的平衡、强调地区发展的均衡，有利于当代与未来人类社会发展的长远利益。可持续的发展不再是单纯追求经济效益的增长，而是基于环境意识的整体思考。

环境意识观念的建立是实现可持续设计的前提。环境设计过程中出现的一系列问题，如小城市大广场、追求奇特外形的视觉冲击力等现象，明显不是由于技术手段落后，而是被我们的意识观念所左右。我们的决策层在衡量环境设计作品的时候往往采取的不是一种基于环境观念的可持续理念，其评价体系中缺失环境方面的考虑因素。往往多数从以人为中心的感官享受的结果出发，忽视了决策导向对于自然生态环境所造成的影响，淡化了人类在维系整个生态系统平衡中所应担负的角色。

基于环境意识的可持续并不意味着放弃人类社会的发展而倒退回原始的状态。以当今社会中人的生物属性、人口规模、资源总量来看，如果人类放弃现在的生活，退回到过去，势必会对自然环境造成更严重的破坏，人类社会现在形成的秩序和文明也会被完全打破。转变观念并不等于放弃发展，我们应该意识到人与生态环境的关系是相互依存和共同发展的，损害一方而照顾另一方的做法必然会造成"一损俱损"的局面。人类在利用和消耗自然的同时应该向自然进行及时和有效反馈，以保证整个生态系统的良性循环。只有当索取与回馈平衡的时候，我们才能实现良好的生态平衡来既满足今天人类的需求，又保证后代人的长远利益需求，同时通过兼顾各地区的平衡发展而实现全球范围内的可持续发展。

环境意识的确立需要我们重新审视环境的价值与意义，重新思考环境中其他个体生命的价值所在，这体现了现代伦理的观念。当代环境伦理学有自然—社会—环境相继过渡的三个发展阶段，自然的价值以及人与自然的关系是探讨的核心问题。第一个阶段自然伦理是自然占据首位，人的价值应该屈从于自然，这是环境伦理最初的出发点。发展到社会伦理阶段，人的社会属性使人拥有了高于自然的权利，人权高于自然，人类理所当然地控制和漠视身边的自然。而最终的以环境为核心的伦理观念中，人与自然的价值和谐统一在一起，相互依存，寻找平衡的状态。

环境设计走向可持续是随着人类对于人与自然和谐关系的不断认识而发展起来的。从最初的低碳，发展到环保，再到可持续，是一个徐徐渐进的发展过程。低碳口号的提出是基于人们对于地球气候恶化的一种思考，20世纪末，在日本召开的《联合国气候变化框架公约》第三次缔约方大会通过了限制发达国家温室气体排放的《京都议定书》。"低碳"在一段时间内成为生态生活的代名词，一时间商品、建材和设计都被冠以低碳的名头。但低碳仅是从人类生活中减少温室气体排放的角度出发，是专业性、技术性的具体手段，相对较为局部，并不能代表生态和可持续发展理念的全部内容。

随着人们对于生态整体环境认识的加深，人与自然在多维度的关联性使人们意识到生态不仅是低碳减排，而应关注整体环境与人类多样性行为的关系。因此，低碳意识上升到了更为整体的环境保护意识，这就不仅是减排的问题，而是如何实现人类社会和环境共同发展的目标。合理地保护环境和利用资源是环保理念的核心。今天的生态困境不仅是二氧化碳或多种有害气体排放所造成的，而是涉及人类行为对于水体、土壤、动植物等多方面的影响。环保设计比低碳设计更进一步，将人类对于环境作用的范畴进一步扩大，人从自然的对立面走向了统一的整体，保护环境的利益就是保护人类自身的利益。

但单纯的从环境保护角度出发无法解决人类社会发展与环境之间的矛盾，保护环境并不意味着消极地停止发展。可持续设计为人们提供了一个全新的思考模式，即如何在尊重生态环境的良性循环的基础上实现人类的长远发展。全面的可持续设计应该从更广泛的环境范畴进行思考，不仅是自然环境和谐，也是人类社会环境的和谐。具备环境意识的可持续设计理念应该以"人与自然的平衡、人与人的和谐"这两大可持续发展理念为目标。

首先，人与自然的和谐要求我们将生态环境的整体性置于首位。可持续的设计应该建立在整个生态系统的良性循环的基础上。在设计之初就应确立"以最小限度地利用自然资源来满足人类活动的需求"这一根本原则。考虑到设计成果在其寿命周期的各个环节中对于生态环境所造成的影响，优化设计和生产，使成果在使用、制作和回收方面对环境的负面影响最小。将生态因素和预防污染纳入设计和评估的过程中，有利于实现节约能源和保护环境。可持续设计应该具备适度的特征，避免不必要的过度设计，尽量用适当的方式满足项目在外观审美和使用功能方面的需求。考虑到材料、施工工艺、使用和运营维护等方面的成本、节能和持久性等问题，将设计的理念定位于一个相对长期的阶段上，而不是仅仅追求短期的、单纯视觉层面的享受。我国学者提出了"再思考，旧建筑更新、旧材料再利用、物质循环利用、减少资源消耗与环境破坏"这五大可持续设计原则。其中再思考的提法最关键，这是对人类设计行为的一种再思考和评价，是在观念层面上反思现代化设计中忽视自然环境的行为的重要环节。

其次，可持续设计要有利于实现人与人之间的和谐。当代人与人的和谐意味着人类生存环境的健康舒适。这里的健康舒适是指身心两方面的满足。在身体方面，设计应该尽量避免污染的产生，同时是安全和实用的，保证人类各种功能需求。设计师不能将个人的意志凌驾于空间功能之上，必须总体考虑每一个因素在项目整体中的作用，保证空间形态的使用关系、交通流线的组织关系、造型与设备的衔接关系等方面的协调问题。同时在精神层面上，充分考虑设计带给人的心理感受。设计应该符合人们使用中对于场所精神的设定，不同的色彩、造型和空间关系对于人的心理影响是截然不同的，人只有在适宜的环境中才能保持心情的愉悦。能够创造适宜的人居环境就可以实现人类"健康舒适"的生活需求。另一方面，人与人的和谐意味着代际关系的和谐：可持续不仅是满足当代人的需求，更是从保证子孙后代利益的长远角度出发，做到"取之有度，用之以节，则常足"。

三、审美观念的生态指向

（一）审美与审美感知

审美，也称为"审美活动"或"审美实践"，是指欣赏美、创造美的活动；是构成人对现实的审美关系，满足人的精神需要的实践、心理活动；是感性的，直觉的，无直接功利的，同时又是理性的、思维的，有客观社会功利的。它直接诉诸感性的形象，伴随着联想、想象、情感活动和审美的感知、判断。它是人从精神上把握世界的方式之一，服从认识的一般规律，同其他意识活动相互影响，相互制约，具有强烈的个性色彩，但受审美对象的制约和社会历史条件的影响，具有社会性。欣赏和创造美必须依靠一定的主体，因此，人扮演着欣赏者和创造者，成为审美中的主体，而被欣赏和创造的对象就是审美的客体，审美存在于主客体之间所发生的审美关系之中。

审美是一个感知的过程，美学家柏林特指出"审美依赖感觉"。人的感觉是复杂而综合的，这里包括很多方面。首先是生理感官方面的感知：包括视觉、听觉、触觉、味觉等感官体验方式。对于事物的感知需要动用多种感官，可分为远感受器和近感受器。从字面中可以理解为通过远感受器感知事物时应留有一定的距离，非接触性的体验；而通过近感知器感知事物时往往通过近距离接触发生作用的感知方式，这里的接触并不仅仅是触觉上的。

视觉和听觉属于前者，视觉是生理感官中最敏感也最直接的方式。凭借视觉我们可以感觉到对象的明暗、色彩、外形、距离、材料、比例和运动，通过这些感觉我们对空间产生了一定的了解。听觉是通过声音特有的节奏、高低、强弱、次序来被人感知的，声音可以丰富人们对于对象的理解。如流水发出的声音使我们在观看水流运动的同时，体验到水与其他物质碰撞时的状态。

触觉和味觉等感官体验则属于近感受器的范畴。通过触觉我们可以感觉到物体的温度、材质、运动等特征，这种细微的特征和变化有时候是不容易被看到的，却可以通过触觉得以感知和体验。如家具中不同的布料，由于材质表面粗糙程度的不同，带给人们接触过程中的体验也是截然不同的。这种粗糙的肌理感是听觉无法感知到的，必须通过视觉和近距离的接触才能完成。味觉则让我们可以感觉到审美对象在时空变换方面的一系列特征，加强我们对于体验的综合感受，使体验立刻变得丰富起来。如美国后现代主义设计的典范迪士尼乐园中的焰火表演，人们除了看到火焰发出的光感和听到燃烧的声响之外，还可以体验到焰火炙热的温度，以及燃烧后蔓延开来的气味。这样形成的感觉更为丰富，观赏者仿佛置身剧情之中，不再仅仅是观众席上的一个看客。这种调动全部感官产生环境体验的方式成为现代环境设计创作和表达的最佳途径，是一种符合生态审美观念的感知方式，由此形成的审美体验是丰富的、综合的和全面的。在这些环境中，都要求人们用整个身体去感知。

仅仅靠生理感觉还不能产生环境体验，这里必须有心理因素的介入。生理感官的参与使我们了解到事物表层的属性，但人作为一个"文化有机体"，本身在审美过程中其心理必然带有社会、文化等属性，带有一定的主观色彩，完全无功利的审美体验是不存在的。因为，人是生活在不同的社会群体和地域环境之中，在判断的时候，其文化、职业、个性、习惯和信仰是无法割裂于自身之外的。如对于时间的理解，一个退休的老人和一个年轻的上班族受到各自年龄、职业、压力和行为方式的影响，对于时间的快慢、节奏、效率的理解是截然不同的。因此，美感决不仅是生理的感觉，但也并非某种抽象的永恒。它通过关联着各种情形，受各类情境、条件影响，经过这些媒介而塑造体验。同时，因为我们生活在文化的环境中，审美感知和判断不可避免地成为文化的美感。

建立某种审美统一标准来衡量设计好坏的做法有失妥当。因为，在环境设计的过程中，最理想的作品应该是审美价值和实用价值的统一体，在作品中追求审美和实用二者之间的一种平衡状态。好比一件家具的设计，既不能仅仅考虑实用而激发不起人们观赏和购买的欲望，也不能单纯为了审美上吸引人们眼球而脱离使用中的比例、尺度、材质和人体工程学方面的需求。设计对象外在的空间形态应具备相应的美学价值，而设计对象内在的物质系统应具备相应的实用价值。设计需要兼顾两种价值，最终形成能够体现人的审美需求和使用需求完美结合的作品。

环境体验场所的营造应该是一种对于场所时空一体化的整体控制。通过空间实体与虚形的相互关联来实现空间形态的搭建，同时考虑时间的主导性，人在环境体验中必须按照一定的时间顺序来延展。只有在时间的流动状态下，人才能对整个体验场所具备的美学价值有所体悟，完成审美体验的全过程。

（二）审美观念演变的生态指向

审美观，亦称审美观念，是指人在审美、创造美的过程中所持的态度、理想、趣味的统称。它受社会、历史、伦理、价值观念的制约，并直接制约人的审美选择、审美评价和美的创造。审美观是从审美的角度看待客体及周边的世界，是审美主体（多数情况下是指人类）对美的总体看法或认识，是客观对象带给审美主体（人）内心的某种愉悦的情感。审美观是在社会实践过程中逐渐形成的。审美观反映出一种价值取向，人们以此为指导去审视世界，构成了不同的世界观和价值观。在社会实践过程中形成的审美观必然受到时代的影响。由于人是带有阶级性和社会性的，因此，审美观也带有强烈的政治和道德色彩。不同地区、不同文化背景、不同利益群体的人所具有的审美观念也各不相同，呈现出极具差异性的特征。

第二章 环境艺术设计中生态化材料与生态性技术

第一节 生态化材料与环境艺术设计

环境艺术设计离不开材料，空间环境的构建需要应用各种材质，明确材质的特性并能够合理地应用这些材质尤为必要。当然，更重要的是懂得材质的加工方法与工艺，知道这些天然和环保以及绿色的材质如何在空间环境中应用，才能够真正将生态化设计以及生态环保观念融入环境艺术设计之中，为城市生活及生存环境的建设及改造贡献自己的力量。

一、环境与材料的关系

（一）材料的环境意识

环境意识作为一种现代意识，已引起人们的普遍关注和国际社会的重视。随着现代社会突飞猛进的发展，全球资源的消耗越来越大，所产生的废弃物也不断增加，环境破坏日益严重。与生物一样，材料也有一定的"生命周期"。因此，环境问题被提上日程，保护环境、节约资源的呼声越来越高。

（二）材料选择与环境保护

随着环境问题的不断放大，人类开始寄希望于设计，以期通过设计来改善目前的生存环境状况。减少环境污染、保护生态成为设计师选用设计材料时必须考虑的重要因素。

二、环境艺术设计材料与生态化研究

生活中常用的环境设计材料主要有黄沙、水泥、黏土砖、木材、人造板材、钢材、瓷砖、合金材料、天然石材等材料。下面论述的各种材料具有生态性和鲜明的时代特征，同时也反映出环境设计行业的一些特点。

（一）常用设计材料的分类

在工业设计范畴内，材料是实现产品造型的前提和保障，是设计的物质基础，一个好的设计者必须在设计构思上针对不同的材料进行综合考虑，倘若不了解设计材料，设计只能是纸上谈兵。随着社会的发展，设计材料的种类越来越多，各种新材料层出不穷。为了更好地了解材料的全貌，可以从以下几个角度对材料进行分类。

1. 以材料来源为依据的分类

第一类是包括木材、皮毛、石材、棉等第一代天然材料，人们在使用这些材料时仅对其进行低度加工，而不改变其自然状态。

第二类是包括纸、水泥、金属、陶瓷、玻璃、人造板等第二代加工材料。这些也是采用天然材料，在使用的时候，会对天然材料进行不同程度的加工。

第三类是包括塑料、橡胶、纤维等第三代合成材料。这些高分子合成材料是以汽油、天然气、煤等为原材料化合而成的。

第四类是用各种金属和非金属原材料复合而成的第四代复合材料。

第五类是拥有潜在功能的高级形式的复合材料，这些材料具有一定的智能，可以随着环境条件的变化而变化。

2. 以物质结构为依据的分类

按材料的物质结构分类，可以把设计材料分为四大类：

设计材料				
金属材料		无机材料	有机材料	复合材料
黑色金属（铸铁、碳钢、合金钢等）	有色金属（铜、铝及合金等）	石材、陶瓷、玻璃、石膏等	木材、皮革、塑料、橡胶等	玻璃钢、碳纤维复合材料

3. 以形态为依据的分类

设计选用材料时，为了加工与使用的方便，往往事先将材料制成一定的形态，即材形。不同的材形所表现出来的特性会有所不同，如钢丝、钢板、钢锭的特性就有较大的区别：钢丝的弹性最好，钢板次之，钢锭则几乎没有弹性；而钢锭的承载能力、抗冲击能力极强，钢板次之，钢丝则极其微弱。按材料的外观形态通常将材料抽象地划分为三大类。

（1）线状材料

线状材料即线材，通常具有很好的抗拉性能，在造型中能起到骨架的作用。设计中常用的有钢管、钢丝、铝管、金属棒、塑料管、塑料棒、木条、竹条、藤条等。

（2）板状材料

板状材料即面材，通常具有较好的弹性和抗冲击性，利用这一特性，可以将金属面材加工成弹簧钢板产品和冲压产品；面材也具有较好的抗拉能力，但不如线材方便和节省，因而实际中较少应用。各种材质面材之间的性能差异较大，使用时因材而异。为了满足不同功能的需要，面材可以通过复合形成复合板材，从而起到优势互补的效果。

（3）块状材料

块状材料即块材，通常情况下，块材的承载能力和抗冲击能力都很强，与线材、面材相比，块材的弹性和韧性较差，但刚性很好，且大多数块材不易受力变形，稳定性较好。块材的造型特性好，其本身可以进行切削、分割、叠加等加工。设计中常用的块材有木材、石材、混凝土、铸钢、铸铁、铸铝、油泥、石膏等。

（二）常用的设计材料举例

1. 木材制品

木材由于其独特的性质和天然纹理，应用非常广泛。它不仅是我国具有悠久历史的传统建筑材料（如制作建筑物的木屋架、木梁、木柱、木门、窗等），也是现代建筑主要的装饰装修材料（如木地板、木制人造板、木制线条等）。

木材由于树种及生长环境不同，其构造差别很大，而木材的构造也决定了木材的性质。

（1）木材的叶片与用途分类

①木材的叶片分类

按照叶片的不同，主要可以分为针叶树和阔叶树。针叶树，树叶细长如针，树干通直高大，纹理顺直，表观密度和胀缩变形较小，强度较高，有较多的树脂，耐腐性较强，木质较软而易于加工，又称"软木"，多为常绿树。常见的树种有红松、白松、马尾松、落叶松、杉树、柏木等，主要用于各类建筑构件、制作家具及普通胶合板等。

阔叶树，树叶宽大，树干通直部分较短，表观密度大，胀缩和翘曲变形大，材质较硬，易开裂，难加工，又称"硬木"，多为落叶树。硬木常用于尺寸较小的建筑构件（如楼梯木扶手、木花格等），又由于硬木具有各种天然纹理，装饰性好，因此可以制成各种装饰贴面板和木地板。常见的树种有樟木、榉木、胡桃木、柚木、柳桉、水曲柳及较软的桦木等。

②木材的用途分类

按加工程度和用途的不同，木材可分为原木、原条和板方材等。原木是指树木被伐倒后，经修枝并截成规定长度的木材。原条是指只经修枝、剥皮，没有加工造材的木材。板方材是指按一定尺寸锯解，加工成型的板材和方材。

（2）木材的特点分析

①轻质高强

木材是非匀质的各向异性材料，且具有较高的顺纹抗拉、抗压和抗弯强度，我国以木材含水率为15%时的实测强度作为木材的强度。木材的表观密度与木材的含水率和孔隙率有关，木材的含水率大，表观密度大；木材的孔隙率小，则表观密度大。

②含水率高

当木材细胞壁内的吸附水达到饱和状态，而细胞腔与细胞间隙中无自由水时，木材的含水率称为"纤维饱和点"。纤维饱和点随树种的不同而不同，通常为25%～35%，平均值约为30%，它是影响木材物理性能发生变化的临界点。

③吸湿性强

木材中所含水分会随所处环境温度和湿度的变化而变化，潮湿的木材能在干燥环境中失去水分，同样，干燥的木材也会在潮湿环境中吸收水分，最终木材中的含水率会与周围环境空气相对湿度达到平衡，这时木材的含水率称为"平衡含水率"，平衡含水率会随温度和湿度的变化而变化，木材使用前必须干燥到平衡含水率。

④保温隔热

木材孔隙率可达 50%，热导率小，具有较好的保温隔热性能。

⑤耐腐、耐久性好

木材只要长期处在通风干燥的环境中，并给予适当的维护或维修，就不会腐朽损坏，具有较好的耐久性，且不易导电。我国古建筑木结构已有几千年的历史，但是如果长期处于 50 度以上的环境，就会导致木材的强度下降。

⑥弹性、韧性好

木材是天然的有机高分子材料，具有良好的抗震、抗冲击能力。

⑦装饰性好

木材天然纹理清晰，颜色各异，具有独特的装饰效果，且加工、制作、安装方便，是理想的室内装饰装修材料。

⑧湿胀干缩

木材的表观密度越大，变形越大，这是由于木材细胞壁内吸附水引起的：顺纹方向胀缩变形最小，径向较大，弦向最大。干燥木材吸湿后，将发生体积膨胀，直到含水率达到纤维饱和点为止，此后，木材含水率继续增大，也不再膨胀。木材的湿胀干缩对木材的使用有很大影响，干缩会使木结构构件产生裂缝或发生翘曲变形，湿胀则造成凸起。

⑨天然疵病

木材易被虫蛀、易燃，在干湿交替中易腐朽，因此，木材的使用范围和作用受到限制。

（3）木材的处理

①干燥处理

为使木材在使用过程中保持其原有的尺寸和形状，避免发生变形、翘曲和开裂，并防止腐烂、虫蛀，保证正常使用，木材在加工、使用前必须进行干燥处理。木材的干燥处理方法可根据树种、木材规格、用途和设备条件选择。自然干燥法不需要特殊设备，干燥后木材的质量较好，但干燥时间长，占用场地大，只能干到风干状态。采用人工干燥法，操作时间短，但如干燥不当，会因收缩不匀而引起开裂。需要注意的是，木材的锯解、加工，应在干燥之后进行。

②防腐和防虫处理

在建造房屋或进行建筑装饰装修时，不能使木材受潮，应使木构件处于良好的通风环境，不得将木支座节点或其他任何木构件封闭在墙内；木地板下、木护墙及木踏板等宜设置通风洞。

木材经防腐处理，杜绝菌类、昆虫繁殖。处理方法有涂刷法和浸渍法，前者施工简单，后者效果显著。

③防火处理

木材是易燃材料，在进行建筑装饰装修时，要对木制品进行防火处理。木材防火处理的通常做法是在木材表面涂饰防火涂料，也可把木材放入防火涂料槽内浸渍。根据胶结性质的不同，防火涂料分油质防火涂料、氯乙烯防火涂料、硅酸盐防火涂料和可赛银（酪素）防火涂料。前两种防火涂料能抗水，可用于露天结构上；后两种防火涂料抗水性差，可用于不直接受潮湿作用的木构件上。

2. 石材制品

（1）石材的类别划分

①大理石

大理石是变质岩，具有致密的隐晶结构，硬度中等，碱性岩石，其结晶主要由云石和方解石组成，成分以碳酸钙为主（约占 50% 以上）。我国云南大理以盛产大理石而驰名中外。大理石经常用于建筑物的墙面、柱面、栏杆、窗台板、服务台、楼梯踏步、电梯间、门脸等，也常常被用来制作工艺品、壁面等。

大理石具有独特的装饰效果，品种有纯色及花斑两大系列，花斑系列有斑驳状纹理，多色泽鲜艳，材质细腻。大理石抗压强度较高，吸水率低，不易变形；硬度中等，耐磨性好，耐久性好。

②花岗岩

花岗岩石材常被用作建筑物室内外饰面材料以及重要的大型建筑物基础踏步、栏杆、堤坝、桥梁、路面、街边石、城市雕塑及铭牌、纪念碑等。

花岗岩是指具有装饰效果，可以磨平、抛光的各类火成岩。花岗岩具有全晶质结构，材质硬，其结晶主要由石英、云母和长石组成，成分以石英为主，占 65% ～ 75%。花岗岩的耐火性比较差，而且开采困难，甚至有些花岗岩里含有危害人体健康的放射性元素。

③人造石材

人造石材主要是指人工复合而成的石材，包括水泥型、复合型、烧结型、玻璃型等多种类型。

我国在 20 世纪 70 年代末开始从国外引进人造石材样品、技术资料及成套设备，80 年代进入生产发展时期。目前我国人造石材有些产品质量已达到国际同类产品水平，并广泛应用于宾馆、住宅的装饰装修工程中。

人造石材不但具有材质轻、强度高、耐污染、耐腐蚀、无色差、施工方便等优点，且因工业化生产制作，板材整体性极强，可免去翻口、磨边、开洞等再加工程序。一般适用于客厅、书房、走廊的墙面、柱面装饰，还可用作工作台面及各种卫生洁具，也可加工成工艺品、美术装潢品和陈设品等。

（2）石材的特点分析

①表观密度

天然石材的表观密度由其矿物质组成及致密程度决定。致密的石材，如花岗岩、大理石等，其表观密度接近其实际密度，为 $2500 \sim 3100 \mathrm{kg/m^3}$；而空隙率大的火山灰凝灰岩、浮石等，其表观密度为 $500 \sim 1700 \mathrm{kg/m^3}$。

天然岩石按表观密度的大小可分为重石和轻石两大类。表观密度大于或等于 1800kg/m³ 的为重石，主要用于建筑的基础、贴面、地面、房屋外墙、桥梁；表观密度小于 1800kg/m³ 的为轻石，主要用作墙体材料，如采暖房屋外墙等。

②吸水性

石材的吸水性与空隙率及空隙特征有关。花岗岩的吸水率通常小于 0.5%，致密的石灰岩的吸水率可小于 1%，而多孔的贝壳石灰岩的吸水率可高达 15%。一般来说，石材的耐水性和强度很大程度上取决于石材的吸水性，这是由于石材吸水后，颗粒之间的黏结力会发生改变，岩石的结构也会因此产生变化。

③抗冻性

石材的抗冻性是指其抵抗冻融的能力。石材的抗冻性与其吸水性密切相关，吸水率大的石材的抗冻性就比较差。吸水率小于 0.5% 的石材，则认为是抗冻性石材。

④抗压强度

石材的抗压强度以三个边长为 70mm 的立方体石块的抗压破坏强度的平均值表示。根据抗压强度值的大小，石材共分为九个强度等级：MU100、MU80、MU60、MU50、MU40、MU30、MU20、MU15 和 MU10。天然石材抗压强度的大小取决于岩石的矿物成分组成、结构与构造特性、胶结物质的种类及均匀性等因素。此外，荷载的方式对抗压强度的测定也有影响。

（3）石材的选择及其在环境艺术设计中的应用

①观察表面

受地理、环境、气候、朝向等自然条件的影响，石材的构造也不同，有些石材具有结构均匀细腻的质感，有些石材则颗粒较粗，不同产地、不同品种的石材具有不同的质感效果，必须正确地选择适用的石材品种。

②鉴别声音

听石材的敲击声音是鉴别石材质量的方法之一，好的石材其敲击声清脆悦耳，若石材内部存在轻微裂隙或因风化导致颗粒间接触变松，则敲击声粗哑。

③注意规格尺寸

石材规格必须符合设计要求，铺贴前应认真复核石材的规格尺寸是否准确，以免造成铺贴后的图案、花纹、线条变形，影响装饰效果。

3. 塑料制品

（1）塑料制品的类别划分

①塑料地板

塑料地板主要有以下特性：轻质、耐磨、防滑、防火阻燃；回弹性好，柔软度适中，脚感舒适，耐水，易于清洁；规格多，造价低，施工方便；可以通过彩色照相制版印刷出各种色彩丰富的图案，花色品种多，装饰性能好。

②塑料门窗

相对于其他材质的门窗来讲，塑料门窗的绝热保温性能、气密性、水密性、隔声性、防腐性、绝缘性等更好，外观也更加美观。

③塑料壁纸

塑料壁纸是以一定材料为基材，表面进行涂塑后，再经过印花、压花或发泡处理等多种工艺而制成的一种饰面装饰材料。常见的有非发泡塑料壁纸、发泡塑料壁纸、特种塑料壁纸（如耐水塑料壁纸、防霉塑料壁纸、防火塑料壁纸、防结露塑料壁纸、芳香塑料壁纸、彩砂塑料壁纸、屏蔽塑料壁纸）等。

塑料壁纸质量等级可分为优等品、一等品、合格品三个品种，且都必须符合国家关于《室内装饰装修材料壁纸中有害物质限量》强制性标准所规定的有关条款。塑料壁纸具有以下特点：①装饰效果好：由于壁纸表面可进行印花、压花及发泡处理，能仿天然行材、木纹及锦缎，达到以假乱真的地步，并通过精心设计，印刷适合各种环境的花纹图案，几乎不受限制，色彩也可任意调配，做到自然流畅，清淡高雅。②性能优越，根据需要可加工成难燃、隔热、吸声、防霉，且不易结露，不怕水洗，不易受机械损伤的产品。③适合大规模生产。塑料的加工性能良好，可进行工业化连续生产。④粘贴方便。纸基的塑料壁纸，用普通801胶或白乳胶即可粘贴，且透气好，可在尚未完全干燥的墙面粘贴，而不致造成起鼓、剥落。⑤使用寿命长，易维修保养。表面可清洗，对酸碱有较强的抵抗能力。

（2）塑料的特点分析

①质量较轻

塑料的密度在 $0.9/cm^3$ ～ $2.2/cm^3$ 之间，平均约为钢的 1/5、铝的 1/2、混凝土的 1/3，与木材接近。因此，将塑料用于建筑工程，不仅可以减轻施工强度，而且可以降低建筑物的自重。

②导热性低

密实塑料的热导率一般为金属的 1/500 ～ 1/600。泡沫塑料的热导率约为金属材料的 1/1500、混凝土的 1/40、砖的 1/20，是理想的绝热材料。

③比强度高

塑料及其制品轻质高强，其强度与表观密度之比（比强度）远远超过混凝土，接近甚至超过了钢材，是一种优良的轻质高强材料。

④稳定性好

塑料对一般的酸、碱、盐、油脂及蒸汽的作用有较高的化学稳定性。

⑤绝缘性好

塑料是良好的电绝缘体，可与橡胶、陶瓷媲美。

⑥经济性好

建筑塑料制品的价格一般较高，如塑料门窗的价格与铝合金门窗的价格相当，但由于它的节能效果高于铝合金门窗，所以无论从使用效果，还是从经济方面比较，塑料门窗均好于铝合金门窗。建筑塑料制品在安装和使用过程中，施工和维修保养费用也较低。

⑦装饰性优越

塑料表面能着色，可制成色彩鲜艳、线条清晰、光泽明亮的图案，不仅能取得大理石、花岗岩和木材表面的装饰效果，而且可通过电镀、热压、烫金等制成各种图案和花纹，使其表面具有立体感和金属的质感。

⑧多功能性

塑料的品种多，功能各异。某些塑料通过改变配方后，其性能会发生变化，即使同一制品也可具有多种功能。塑料地板不仅具有较好的装饰性，而且有一定的弹性、耐污性和隔声性。

除以上优点外，塑料还具有加工性能好，有利于建筑工业化等优良特点。但塑料自身尚存在一些缺陷，如易燃、易老化、耐热性较差、弹性模量低、刚度差等弱点。

4. 陶瓷制品

（1）陶瓷砖的类别划分

①釉面砖

釉面砖又名"釉面内墙砖""瓷砖""瓷片""釉面陶土砖"。釉面砖是以难熔黏土为主要原料，再加入非可塑性掺料和助熔剂，共同研磨成浆，经榨泥、烘干成为含有一定水分的坯料，并通过机器压制成薄片，然后经过烘干素烧、施釉等工序制成。釉面砖是精陶制品，吸水率较高，通常大于10%（不大于21%）的属于陶质砖。

釉面砖正面施有釉，背面呈凹凸状，釉面有白色、彩色、花色、结晶、珠光、斑纹等品种。

②墙地砖

墙地砖以优质陶土为原料，再加入其他材料配成主料，经半干并通过机器压制成型后于1100℃左右焙烧而成。墙地砖通常指建筑物外墙贴面用砖和室内、室外地面用砖，由于这类砖通常可以墙地两用，故称为"墙地砖"。墙地砖吸水率较低，均不超过10%。墙地砖背面呈凹凸状，以增加其与水泥砂浆的黏结力。

墙地砖的表面经配料和工艺设计可制成平面、毛面、磨光面、抛光面、花纹面、仿石面、压花浮雕面、无光釉面、金属光泽面、防滑面、耐磨面等品种。

（2）陶瓷材料的特点分析

陶瓷材料力学性能稳定，耐高温、耐腐蚀；性脆，塑性差；热性能好，熔点高、高温强度好，是较好的绝热材料，热稳定性较低；化学性能稳定，耐酸碱侵蚀，在环境中耐大气腐蚀的能力很强；导电性变化范围大，大部分陶瓷可作绝缘材料；表面平整光滑，光泽度高。

5. 玻璃制品

（1）玻璃制品的类别

①平板玻璃

普通平板玻璃具有良好的透光透视性能，透光率达到85%左右，紫外线透光率较低，隔声，略具保温性能，有一定机械强度，为脆性材料。主要用于房屋建筑工程，部分经加工处理制成钢化、夹层、镀膜、中空等玻璃，少量用于工艺玻璃。一般建筑采光用3～5mm厚的普通平板玻璃；玻璃幕墙、栏板、采光屋面、商店橱窗或柜台等采用 5～6mm 厚的钢化玻璃；公共建筑的大门则用 12mm 厚的钢化玻璃。

玻璃属易碎品，故通常用木箱或集装箱包装平板玻璃，在贮存、装卸和运输时，必须盖朝上、垂直立放，并需注意防潮。

②磨砂玻璃

磨砂玻璃又称镜面玻璃，采用平板玻璃抛光而得，分为单面磨光和双面磨光两种。磨光玻璃表面平整光滑，有光泽，透光率达 84%，物像透过玻璃不变形。磨光玻璃主要用于安装大型门窗、制作镜子等。

③钢化玻璃

将玻璃加热到一定温度后，迅速将其冷却，便形成了高强度的钢化玻璃。钢化玻璃一般具有两个方面的特点：一是机械强度高，具有较好的抗冲击性，安全性能好，当玻璃破碎时，碎裂成圆钝的小碎块，不易伤人；二是热稳定性好，具有抗弯及耐急冷急热的性能，其最大安全工作温度可达到 287.78℃。需要注意的是，钢化玻璃处理后不能切割、钻孔、磨削，边角不能碰击挤压，选用时需按实际规格尺寸或设计要求进行机械加工定制。

④夹丝玻璃

夹丝玻璃是一种将预先纺织好的钢丝网，压入经软化后的红热玻璃中制成的玻璃。夹丝玻璃的特点是安全、抗折强度高，热稳定性好。夹丝玻璃可用于各类建筑的阳台、走廊、防火门、楼梯间、采光屋面等。

⑤中空玻璃

中空玻璃按性能分为普通中空、吸热中空、钢化中空、夹层中空、热反射中空玻璃等。中空玻璃是由两片或多片平板玻璃沿周边隔开，并用高强度胶粘剂密封条粘接密封而成，玻璃之间充满干燥空气或惰性气体。

中空玻璃可以制成各种不同颜色或镀以不同性能的薄膜，整体拼装构件是在工厂完成的，有时在框底，也可以放上钢化、压花、吸热、热反射玻璃等，颜色有无色、茶色、蓝色、灰色、紫色、金色、银色等。中空玻璃的玻璃与玻璃之间留有一定的空隙，因此具有良好的保温、隔热、隔声等性能。

⑥变色玻璃

变色玻璃有光致变色玻璃和电致变色玻璃两大类。变色玻璃能自动控制进入室内的太阳辐射能，从而降低能耗，改善室内的自然采光条件，具有防窥视、防眩光的作用。变色玻璃可用于建筑门、窗、隔断和智能化建筑。

（2）玻璃的特点分析

机械强度。玻璃和陶瓷都是脆性材料衡量制品。坚固耐用的重要指标是抗张强度和抗压强度，玻璃的抗张强度较低，一般在 39～118MPa，这是由玻璃的脆性和表面微裂纹所决定的。玻璃的抗压强度平均为 589～1570MPa，约为抗张强度的 1～5 倍，导致玻璃制品经受不住张力作用而破裂。但是，这一特性在很多设计中也能得到积极地利用。

硬度。硬度是指抵抗其他物体刻划或压入其表面的能力。玻璃的硬度仅次于金刚石、碳化硅等材料，比一般金属要硬，用普通刀、锯不能切割。玻璃硬度同某些冷加工工序如切割、研磨、雕刻、刻花、抛光等有密切关系。因此，设计时应根据玻璃的硬度来选择磨轮、磨料等加工方法。

光学性质。玻璃是一种高度透明的物质，光线透过越多，被吸收越少，玻璃的质量则越好。玻璃具有较大的折光性，能制成光辉夺目的优质玻璃器皿及艺术品。玻璃还具有吸收和透过紫外线、红外线，感光、变色、防辐射等一系列重要的光学性质和光学常数。

电学性质。玻璃在常温下是电的不良导体，在电子工业中作绝缘材料使用，如照明灯泡、电子管、气体放电管等。不过，随着温度上升，玻璃的导电率会迅速提高，在熔融状态下成为良导体。因此导电玻璃可用于光显示，如数字钟表及计算机的材料等。

导热性质。玻璃的导热性只有钢的 1/400，一般经受不住温度的急剧变化。同时，玻璃制品越厚，承受的急变温差就越小。玻璃的热稳定性与玻璃的热膨胀系数有关。例如，石英玻璃的热膨胀系数很小，将赤热的石英玻璃投入冷水中不会发生破裂。

化学稳定性。玻璃的化学性质稳定，除氢氟酸和热磷酸外，其他任何浓度的酸都不能侵蚀玻璃。但玻璃与碱性物质长时间接触容易受腐蚀，因此玻璃长期在大气和雨水的侵蚀下，表面光泽会消失、晦暗。此外，光学玻璃仪器受周围介质作用，表面也会出现雾膜或白斑。

6. 水泥

（1）水泥类别

水泥是一种粉末状物质，它与适量水拌和成塑性浆体后，经过一系列物理化学作用能变成坚硬的水泥石，水泥浆体不但能在空气中硬化，还能在水中硬化，故属于水硬性胶凝材料。水泥、砂子、石子加水胶结成整体，就成为坚硬的人造石材（混凝土），再加入钢筋，就成为钢筋混凝土。

水泥的品种很多，按水泥熟料矿物一般可分为硅酸盐类、铝酸盐类和硫铝酸盐类，在建筑工程中应用最广的是硅酸盐类水泥，常用的水泥品种有硅酸盐水泥、普通硅酸盐水泥、矿渣硅酸盐水泥、火山灰质硅酸盐水泥和粉煤灰硅酸盐水泥等。此外，还有一些具有特殊性能的特种水泥，如快硬硅酸盐水泥、白色硅酸盐水泥与彩色硅酸盐水泥、铝酸盐水泥、膨胀水泥、特快硬水泥等。建筑装饰装修工程主要用的水泥品种是硅酸盐水泥、普通硅酸盐水泥、白色硅酸盐水泥。

（2）水泥的选择及其在环境艺术设计中的应用

水泥作为饰面材料还需与砂子、石灰（另掺一定比例的水）等按配合比经混合拌和组成水泥砂浆或水泥混合砂浆（总称抹面砂浆），抹面砂浆包括一般抹灰和装饰抹灰。

7. 金属制品

（1）金属制品类别

在设计中，常用的金属材料有钢、金、银、铜、铝、锌、钛及其合金与非金属材料组成的复合材料（包括铝塑板、彩钢夹芯板等）。金属材料可加工成板材、线材、管材、型材等多种类型以满足各种使用功能的需要。此外，金属材料还可以用作雕塑等环境装饰。

（2）金属材料的特点分析

金属材料不仅可以保证产品的使用功能，还可以赋予产品和环境一定的美学价值，使产品或环境呈现出现代风格的结构美、造型美和质地美。金属材料有以下几个特点：表面均有一种特有的色彩，反射能力良好，具有不透明性和金属光泽，呈现出坚硬、富丽的质感效果。具有较高的熔点、强度、刚度和韧性。具有良好的塑性成型性、铸造性、切削加工及焊接等性能，因此加工性能好。表面工艺比较好，在金属的表面即可进行各种装饰工艺，获得理想的质感。具有良好的导电性和导热性。化学性能比较活泼，因而易于氧化生锈，易被腐蚀。

8. 石膏

石膏是一种白色粉末状的气硬性无机胶凝材料，具有孔隙率大（轻）、保温隔热、吸声防火、容易加工、装饰性好的特点，所以在室内装饰装修工程中被广泛使用。常用的石膏装饰材料有石膏板、石膏浮雕和矿棉板三种。

（1）石膏板

石膏板的主要原料为建筑石膏，具有质轻、绝热、不燃、防火、防震、应用方便、调节室内湿度等特点。为了增强石膏板的抗弯强度，减小脆性，往往在制作时掺加轻质填充料，如锯末、膨胀珍珠岩、膨胀蛭石、陶粒等。在石膏中掺加适量水泥、粉煤灰、粒化高炉矿渣粉，或在石膏板表面粘贴板、塑料壁纸、铝箔等，能提高石膏板的耐水性。若用聚乙烯树脂包覆石膏板，不仅能用于室内，也能用于室外。调节石膏板厚度、孔眼大小、孔距等，能制成吸声性能良好的石膏吸声板。

以轻钢龙骨为骨架、石膏板为饰面材料的轻钢龙骨石膏板构造体系，是目前我国建筑室内轻质隔墙和吊顶制作的最常用做法。其特点是自重轻，占地面积小，增加了房间的有效使用面积，施工作业不受气候条件影响，安装简便。

（2）石膏浮雕

以石膏为基料加入玻璃纤维可加工成各种平板、小方板、墙身板、饰线、灯圈、浮雕、花角、圆柱、方柱等，用于室内装饰。其特点是能锯、钉、刨、可修补、防火、防潮、安装方便。

（3）矿棉板

矿物棉、玻璃棉是新型的室内装饰材料，具有轻质、吸声、防火、保温、隔热、美观大方、可钉可锯、施工简便等特点。其装配化程度高，完全适于作业，常用于高级宾馆、办公室、公共场所的顶棚装饰。

矿棉装饰吸声板是以矿渣棉为主要材料，加入适量的黏结剂、防腐剂、防潮剂，经过配料、加压成形、烘干、切割、开榫、表面精加工和喷涂而制成的一种顶棚装饰材料。

矿棉吸声板的形状，主要有正方形和长方形两种，常用尺寸有 500mm×500mm、600mm×600mm 或 300mm×600mm、600mm×1200mm 等，其厚度为 9～20mm。

矿物棉装饰吸声板表面有各种色彩，花纹图案繁多，有的表面加工成树皮纹理，有的加工成小浮雕或满天星图案，具有各种装饰效果。

三、环境艺术设计的思维方法

（一）环境艺术设计的思维方法类型

1. 逻辑思维方法

逻辑思维也称"抽象思维"，是认识活动中一种运用概念、判断、推理等思维形式来对客观现实进行的概括性反映。通常所说的思维、思维能力，主要指这种思维，这是人类特有的最普遍的一种思维类型，逻辑思维的基本形式是概念、判断与推理。

艺术设计、环境艺术设计是艺术与科学的统一和结合，因此，必然要依靠抽象思维进行工作，它也是设计中最基本和普遍运用的一种思维方式。

2. 形象思维方法

形象思维，也称"艺术思维"，是艺术创作过程中对大量表象进行高度的分析、综合、抽象、概括，形成典型性形象的过程，是在对设计形象的客观性认识基础上，结合主观的认识和情感进行识别。所采用一定的形式、手段和工具创造和描述的设计形象，包括艺术形象和技术形象。

形象思维具有形象性、想象性、非逻辑性、运动性、粗略性等特征。形象性说明该思维所反映的对象是事物的形象，想象性是思维主体运用已有的形象变化为新形象的过程，非逻辑性就是思维加工过程中掺杂个人情感成分较多。在许多情况下，设计需要对设计对象的特质或属性进行分析、综合、比较，而提取其一般特性或本质属性，可以说，设计活动也是一种想象的抽象思维，设计师从一种或几种形象中提炼、汲取出它们的一般特性或本质属性，再将其注入设计作品中去。

环境艺术设计是以环境的空间形态、色彩等为目的，综合考虑功能和平衡技术等方面因素的创造性计划工作，属于艺术的范畴和领域，所以，环境艺术设计中的形象思维也是至关重要的思维方式。

3. 灵感思维方法

"灵感"源于设计者知识和经验的积累，是显意识和潜意识通融交互的结晶。灵感的出现需要具备以下几个条件：（1）对一个问题进行长时间的思考；（2）能对各种想法、记忆、思路进行重新整合；（3）保持高度的专注；（4）精神处于高度兴奋状态。

环境艺术设计创造中灵感思维常带有创造性，能突破常规，带来从未有过的思路和想法，与创造性思维有着相当紧密的联系。

4. 创造性思维方法

创造性思维是指打破常规、具有开拓性的思维形式，创造性思维是对各种思维形式的综合和运用，它的目的是对某一个问题或在某一个领域内提出新的方法、建立新的理论，或艺术中呈现新的形式等。这种"新"是对以往的思维和认识的突破，是本质的变革。创造性思维是在各种思维的基础上，将各方面的知识、信息、材料加以整理、分析，并且从不同的思维角度、方位、层次上去思考，提出问题，对各种事物的本质的异同、联系等方面展开丰富的想象，最终产生一个全新的结果。创造性思维有三个基本要素：发散性、收敛性和创造性。

5. 模糊思维方法

模糊思维是指运用不确定的模糊概念，实行模糊识别及模糊控制，从而形成有价值的思维结果。模糊理论是从数学领域中发展而来的。客观事物是普遍联系、相互渗透的，并且是不断变化与运动的，一个事物与另一事物之间虽有质的差异，但在一定条件下可以相互转化，事物之间只有相对稳定而无绝对固定的边界。一切事物既有明晰性，又有模糊性；既有确定性，又有不定性。模糊理论对于环境艺术设计具有很实际的指导意义，环境的信息表达常常具有不确定性，这并不是设计师表达不清，而是一种艺术的手法。含蓄、使人联想、回味都需要一定的模糊手法，产生"非此非彼"的效果。同一个艺术对象，对不同的人会产生不同的理解和认识，这就是艺术的特点。如果能充分理解和掌握这种模糊性的本质和规律，将有助于环境艺术的创造。

（二）环境艺术设计思维方法的应用

环境艺术设计的思维不是单一的方式，而是多种思维方式的整合。环境艺术设计的多学科交叉特征必然反映在设计的思维关系上。设计的思维除了符合思维的一般规律外，还具有其自身的一些特殊性，在设计的实践中会自然表现出来。以下结合设计来探讨一些环境艺术设计思维的特征和实践应用的问题。

1. 形象性和逻辑性有机整合

环境艺术设计以环境的形态创造为目的，如果没有形象，就等于没有设计。思维有一定的制约性或不自由性。形象的自由创造必须建立在环境的内在结构的合规律性和功能的合理性的基础上。因此，科学思维的逻辑性以概念、归纳、推理等对形象思维进行规范。在环境艺术的设计中，形象思维和抽象思维是相辅相成的，是有机地整合，是理性和感性的统一。

2. 形象思维存在于设计，并相对地独立

环境的形态设计，包括造型、色彩、光照等都离不开形象，这些是抽象的逻辑思维方式无法完成的。设计师从开始对设计进行准备到最后设计完成的整个过程就是围绕着形象进行思考，即使在运用逻辑思维的方式解决技术与结构等问题的同时，也是结合某种形象来进行的，不是纯粹的抽象方式。譬如在考虑设计室外座椅的结构和材料以及人在使用时的各种关系和技术问题的时候，也不会脱离对座椅的造型及与整体环境的关系等视觉形态的观照。环境艺术设计无论在整体设计上，还是在局部的细节考虑上，设计的开始一直到结束，形象思维始终占据着思维的重要位置。这是设计思维的重要特征。

3. 抽象的功能等目标最终转换成可视形象

任何设计都有目标，并带有一些相关的要求和需要解决的问题，环境艺术设计也不例外，每个项目都有确定的目标和功能。设计师在设计的过程中，也会对自己提出一系列问题和要求，这时的问题和要求往往只是概念性质，不是具体的形象。设计师着手了解情况、分析资料、初步设定方向和目标，提出空间整体要简洁大方、高雅、体现现代风格等具体的设计目标，这些都还处于抽象概念的阶段；只有设计师在充分理解和掌握抽象概念的基础上思考用何种空间造型、何种色彩、如何相互配置时，才紧紧地依靠形象思维的方式，最终以形象来表现对抽象概念的理解。所以，从某种意义上来说，设计过程就是一个将抽象的要求转换成一个视觉形象的过程。无论是抽象认识还是形象思考的能力，对于设计都具有极其重要的作用和意义，理解抽象思维和形象思维的关系是非常重要的。

4. 创造性是环境艺术设计的本质

设计的本质在于创造，设计就是提出问题、解决问题且创造性地解决问题的过程，所以创造性思维在整个设计过程中总是处于活跃的状态。创造性思维是多种思维方式的综合运用，它的基本特征就是要有独特性、多向性和跨越性。创造性思维所采用的方法和获得的结果必定是独特的、新颖的。逻辑思维的直线性方式往往难以突破障碍，创造性思维的多方向和跨越特点却可以绕过或跳过一些问题的障碍，从各个方向、各个角度向目标集中。

5. 思维过程：整体—局部—整体

环境艺术设计是一门造型艺术，具有造型艺术的共同特点和规律。环境艺术设计首先是有一个整体的思考或规划，在此基础上再对各个部分或细节加以思考和处理，最后还要回到整体的统一上。

最初的整体实质上是处在模糊思维下的朦胧状态，因为这时的形象只是一个大体的印象，缺少细节，或者说是局部与细节的不确定。在一个最初的环境设想中，空间是一个大概的形象，树木、绿地、设施等的造型等都不可能是非常具体的形象，多半是带有知觉意味的"意象"，这个阶段的思考更着重于整体的结构组织和布局，以及整体形象给人的视觉反映等方面。在此阶段中，模糊思维和创造性思维是比较活跃的，随着局部的深入和对细节的刻画，下一阶段应该是非常严谨的抽象思维和形象思维在共同作用，这个阶段要解决的是许多极为具体的技术、结构以及与此相关的造型形象问题。

设计最终还要回到整体上来，这时的整体形象与最初的朦胧形象有了本质的区别，这一阶段的思维要求在理性认识的基础上进行感性处理，感性对于艺术是至关重要的，而且经过理性深化了的感性形象具有更为深层的内涵和意蕴。从某种意义上也可以认为，设计的最初阶段是想象的和创造性的思维，而下一阶段则是科学的逻辑思维和受制约的形象思维的结合，有必要重申的是，设计工作的整个过程，尽管有整体和局部思考的不同阶段，但是都必须在整体形象的基础和前提下进行，任何时候都不能离开整体，这也是造型艺术创造的基本规律。

第二节　生态性环境艺术设计的技术应用

一、生态性环境艺术设计中的相关技术

为减轻环境负荷、减少资源消耗，创造舒适、健康、高效的室内外环境是生态建筑的核心思想。节地、节能、节水、节约资源及废弃物处理是生态建筑中特别关注的技术内容。在工程实施过程中，生态建筑涉及的技术体系更为庞大，包括能源系统新能源与可再生能源的利用、水环境系统、声环境系统、光环境系统、热环境系统、绿化系统、废弃物管理与处置系统、绿色建材系统等。在生态建筑的研究、发展和应用方面，欧洲特别是德国走在世界前列。目前在许多国家广泛应用的生态建筑技术主要有能量活性建筑基础系统、楼板辐射采暖制冷系统、置换式新风系统、呼吸式双层幕墙系统、智能外遮阳系统、双层架空地面系统、智能采光照明系统、高效太阳能光伏发电系统、高效防噪声系统，以及给排水集成控制与水循环再生系统等。下面重点说一下能量活性建筑基础系统、置换式新风系统、呼吸式双层幕墙系统、双层架空地面系统几种技术。

（一）能量活性建筑基础系统

能量活性建筑基础这项技术的基本原理就是在建筑基础设施的过程中将塑料管埋入地下，形成闭式循环系统，用水作为载体，夏季将建筑物中的热量转移到土壤中，冬季从土壤中提取能量。这项技术于年初诞生于欧洲，初期多用于居住建筑，今天更多地用于大型公共建筑以及商业和工业建筑。其突出优点是不需要专门钻井就可以获取地热地冷资源，投资相对较少，经济效益明显。根据建筑基础土质情况和建筑基础工程的要求，可采用与基础形势相配合的技术，如能量活性基础桩、基础墙与基础板。这一系统若是采用与其相配套的直接制冷技术，则经济效益更好，消耗电量可以输送冷量到建筑物中。经过几十年的发展，这项技术已基本成熟。

（二）置换式新风系统

建筑空调系统需要完成此方面的功能，即调节室内温度制冷、供暖，提供过滤除尘的新鲜空气调节室内空气温度、空气流通速度，避免噪声。新一代空调系统的特点是采暖制冷系统与通风新风系统分离制冷，用相对较高的水温 16℃～20℃，供暖用相对较低的水温 25℃～40℃标准。办公室设计荷载较低，即办公室采用置换式新风系统，全部送新风，放弃交叉混合回风系统，分散灵活布置的空调系统，与使用功能相配合，满足办公室个性化需求，可根据需要个性化调节室内温度、新风量等指标。

第二章　环境艺术设计中生态化材料与生态性技术

（三）呼吸式双层幕墙系统

通常采用双层玻璃幕墙，或双层封闭式、带有回风装置的单元式幕墙等。智能玻璃幕墙广义上包括玻璃幕墙、通风系统、空调系统、环境监测系统、楼宇自动控制系统。其技术核心是一种有别于传统幕墙的特殊幕墙——热通道幕墙。它主要由一个单层玻璃幕墙和一个双层玻璃幕墙组成。在两个幕墙中间有一个缓冲区，在缓冲区的上下两端有进风和排风设施。热通道幕墙工作原理在于，冬天内外两层幕墙中间的热通道由于阳光的照射温度升高，像一个温室。这样等于提高了内侧幕墙的外表面温度，减少了建筑物采暖的运行费用。夏天，内外两层幕墙中间的热通道内温度很高，这时打开热通道上下两端的进、排风口，在热通道内由于"热烟囱效应"产生气流，在通道内运动的气流带走通道内的热量，这样可以降低内侧幕墙的外表面温度，减少空调负荷，节省能源。通过将外侧幕墙设计成封闭式，内侧幕墙设计成开启式，使通道内上下两端进、排风口的调节在通道内形成负压，利用室内两侧幕墙的压差和开启风扇可以在建筑物内形成气流，进行通风。主动呼吸式双层幕墙技术是目前国际上最领先的幕墙应用技术。双层玻璃幕墙具有防尘通风、保温隔热、合理采光、隔声降噪、防止结露和环保节能等显著特点。它还可以在刮风、下雨等天气中保证大厦的自然通风，夜间可以蓄冷来减少次日的空调负荷。

（四）双层架空地面系统

双层架空地面是现代办公建筑的标准配置，也是随着现代化通信及空调技术发展应运而生的一种建筑技术体系。世界上最早使用双层架空地面敷设通信电缆的建筑是1877年柏林德国邮电大厦。现代建筑中双层架空地面，通常高度在80～300mm，里面可以布置所有现代化办公空间所需要的通信和电缆设备。地面通常由模数600mm×600mm的板块构成，敷设完毕后可随时打开进行检修或增补电缆。室内家具布置发生变化时，可以灵活地重新布置电线、通信线路的接口，适应性非常好。

近年来，由于置换式新风系统越来越普遍，送风管也布置在双层架空地面中，可以配合混凝土楼板制冷系统省去吊顶，使建筑层高大大降低，从而节约造价。现代化双层架空地面的面材可以选用石材、木地面、地毯或合成地面。承重板材为薄钢板或钢框架支撑的高密度合成板，支脚多为可调节的钢螺栓，支脚与地面采用榫卯或黏结方式固定。双层架空地面虽然目前造价较高，但非常受使用者欢迎，是高档写字楼地面构造的发展方向。

二、生态性环境艺术设计中技术的应用

（一）生态性环境技术在景观生态规划设计中的应用

1. 景观生态规划中的环境生态技术应用特点

（1）保护性

环境生态技术在对区域景观的生态因子和物种生态关系进行科学的研究分析的基础上，通

过合理的设计和规划，最大限度地减少对原有自然环境的破坏，以保护良好的生态系统。

（2）适应性与补偿性

环境生态技术用景观的方式修复城市肌肤，探索能结合本土实际的生态化发展模式作为谋求完美生活环境的规划和设计，实现生态环境与人类社会的利益平衡和互利共生，促进城市各个系统的良性发展。

（3）修复性

景观生态规划设计中的环境生态技术应用，一方面减少对自然生态系统的干扰和破坏，保护好自然植物群落和自然痕迹；另一方面通过对合理的组织和技术的利用来降低建设和使用中的能源和材料消耗。

2. 景观生态规划中的大气环境生态技术模块

景观生态设计中的环境生态技术针对空气的应用，具体可以归纳为空气净化模块、降温模块以及防风导风模块三大类技术模块。

（1）空气净化模块

通过抗污染植物群落技术的应用，选用具有吸抗污染和阻滞灰尘功能的植物，组成多层次的净化空气植物群落，所种植的植物具有吸尘、滞尘、杀菌、提神、健体等效果。

（2）降温模块

降温技术主要包括喷雾、林荫道等。喷雾可以吸附空气中的灰尘，增加空气中的水汽和负氧离子浓度，增加湿度，降低气温，提高空气质量。设林荫道对于城市除了景观绿化作用外，还具有遮阳、降温、净化空气质量以及保持自然通风等作用。

（3）防风导风模块

风廊导风指顺着主导风向栽植植物，引导风流进入。庭院有计划地配置植物可以将气流有效地偏移或导引，使气流更适于建筑物的通风。

3. 景观生态规划中的土壤环境生态技术应用

景观生态设计中的环境生态技术针对土壤的应用可以归纳为土壤改良、生物多样性促进以及碳技术三大类技术模块。

（1）土壤改良模块

土壤改良模块主要包括植物配植和植物修复两类技术。植物配植的主要作用是能够有效起到保持水土作用。植物修复是利用绿色植物来转移、容纳或转化污染物，使其对环境无害。植物修复的对象是重金属、有机物或放射性元素污染的土壤及水体。

（2）生物多样性促进模块

生物多样性促进模块主要是针对土壤的环境技术使用过程中，注重维护生物物种及过程多样性，尽量使用乡土物种，同时降低人为扰动。

（3）碳技术模块

土壤碳技术的使用主要包括生物炭制备、土壤碳排放检测等。生物炭可广泛应用于土壤改良、肥料缓释剂、固碳减排等。土壤是地球表层系统中最大而最活跃的碳库之一，土壤碳排放量很小的变化都会引起大气二氧化碳浓度的很大改变，因此土壤碳排放的检测也是针对土壤的景观生态规划设计中应考虑的问题。

4. 景观生态规划中的水体环境生态技术应用

景观生态设计中的环境生态技术针对水体环境的应用，可以归纳为节水技术、污水处理技术、雨水收集与处理技术三大类技术模块。

（1）节水技术模块

节水技术模块主要包括植物节水、微灌节水等技术。植物节水主要指在设计过程中使用一批如马蔺、土麦冬等极耐干旱、抗逆性极强的园林绿化植物品种。微灌是按照作物需求，通过管道系统与安装在末级管道上的灌水器，将水和作物生长所需的养分以较小的流量，均匀、准确地直接输送到作物根部附近土壤的一种灌水方法。

（2）污水处理技术模块

在新型城镇化建设过程中，由于农村及小城镇几乎没有完善的排水管网，同时与城市排水管网间的距离较远，污水管网系统的投资费用高，污水的收集与集中处理困难，因此只能采用"集中处理与分散处理相结合"的方法。在具体的景观生态规划设计中，最常用到的是以人工湿地为主要技术的污水处理技术链条。人工湿地是由人工设计的、模拟自然湿地结构与功能的复合体，并通过其中一系列生物、物理、化学过程实现对污水的高效净化。

（3）雨水收集及处理技术模块

雨水在城市地区的收集处理主要包括两种途径：通过地表渗透或者借助各种辅助设施增加雨水的入渗量，补充地下水，达到涵养水源的目的。雨水在城镇地区的渗透利用有两种方式：绿地就地渗透利用和修筑渗透设施，如下凹式绿地、侧壁渗水孔式排水系统、多孔集水管式排水系统等。在农村地区主要采用雨洪坑塘进行雨水渗透收集处理。

5. 景观生态规划设计中的地貌改造环境生态技术应用

景观生态设计中的环境生态技术针对地貌环境的应用，可以归纳为土壤修复、水土保持、废物处理三大类技术模块。其中土壤修复技术前文已经叙述，不多做赘述。

（1）水土保持模块

景观生态规划设计中，针对水土保持可以运用生态驳岸、绿色篱笆、绿色海绵等技术。生态驳岸是指恢复后的自然水岸具有自然水岸"可渗透性"的人工驳岸，同时也具有一定的抗洪强度。绿色篱笆设计将绿篱作为环境保护设施体系的核心依托框架，与不同的生态技术相结合，构成水土保持的生态网络。绿色海绵是以绿色基础设施网络建设为规划原则，发挥分散的坑塘和林地资源，构建以"绿色海绵"为单元，融合生态"源""汇""战略点"和廊道体系（含生态桥）的绿色基础设施网络。

（2）废物处理模块

主要指在景观规划设计中利用已有的生产废弃物进行造景技术，以及生产生活废弃物资源化利用。例如，生产废弃物作为雕塑、生态护坡材料、生态浮岛材料；使用废弃生产生物物资进行资源回收利用制造建筑材料等。其最主要的技术应用是垃圾公园的设计，其环境生态技术涉及垃圾填埋、覆盖，垃圾渗滤液处理，土壤修复等。

6. 景观生态规划中的人类活动环境生态技术应用

景观生态设计中的环境生态技术针对人类活动的应用，可以归纳为绿色能源利用、绿色材料利用、废弃物管理与处置，声、光、热环境营造以及灾害防护等技术模块。

大熊猫国家公园雅安科普教育中心（中国建筑西南设计研究院有限公司）

（1）绿色能源利用模块

主要指在设计过程中利用太阳能、风能、地热能等再生能源技术以及建筑节能技术和设备等，解决系统的能源来源，同时减少对环境的碳排放。

（2）材料利用模块

主要通过新技术的应用，在传统建筑材料中添加相应的生态材料，或使用可降解材料、纳米材料，使建筑材料或涂料具有吸收二氧化碳等绿色低碳效应，或者在建设与使用过程中减少碳排放。

（3）声、光、热环境营造

主要指在设计中降低光污染与声污染的技术。例如，增强自然采光，降低人工照明的光污染，以及声源控制、隔声消声等。

（二）生态性环境技术在建筑设计中的应用

1. 生态建筑设计思想的由来

在 21 世纪不断发生地区性的环境污染和全球性的生态环境恶化的过程当中，不少学者和建筑师对现代工业文明开始进行深刻的反思。美国学者提出住宅设计结合自然，首先，要用生态学的观点从宏观上研究自然环境和人的关系，特别是研究现代工业在高速发展中对自然进行开发所造成的破坏和灾难，要适应自然、创造必要的生态环境；其次，用生态学的理论证明人对自然的依存关系，批判以人为中心的思想，要研究自然界的生命和非生命的依存关系，强调现代的城市建筑应该适应自然规律，设计结合自然。

人类在发展过程中应该体现集约的原则，并在日常生活中鼓励应用这些原则，十项设计原则有：第一，尊重当地的生态环境；第二，要有正确的环境意识；第三，增强对自然环境的理解；第四，结合公众需要，采用简单适用技术，针对当地的气候运用被动式的设计策略；第五，使用节能建筑材料；第六，强调集约原则，尊重自然，要与自然协调，这应该说是生态建筑基本的设计思想；第七，避免使用易破坏环境产生废物的建筑材料；第八，完善建筑空间使用的灵活性，坚持越小越好，将建设运行的资源和不利因素降到最少；第九，减少建筑过程当中对环境的损害，减少浪费资源和建材，争取重新利用建材和构建；第十，为所有人提供可使用的空间环境。

2. 设计的过程

从设计目标上看，一般现代建筑以功能和空间设计为目标，满足功能的需要，创造适合公众需要的空间；生态建筑在满足功能和空间需要的同时，强调实现资源的集约和减少对环境的污染。

生态建筑强调资源和环境，强调建筑在整个寿命周期内要减少资源能源的消耗和降低环境污染，大致归纳起来，生态建筑在整个寿命期内基本目标有：第一，尽可能减少资源能源的消耗；第二，把环境建筑的污染降到最低；第三，保护自然生态环境；第四，创造健康舒适的室内外环境；第五，使建筑功能质量目标统一；第六，使建筑生态、经济取得平衡。

在生态建筑基本目标当中，创造健康舒适的室内环境和建筑功能质量目标相统一，在很大程度上保持节俭和适用的目标。比如在挪威，冬季比较舒适的室内环境温度为 25 摄氏度左右，从环保和能源角度考虑，挪威把冬季环境温度定为 23 度左右，节约的能源达到 20% ～ 30%。

3. 生态设计在建筑中技术的具体应用

对生态建筑和使用技术的要求可以用三点来判断：（1）技术本身的功能与生态环保功能一致。（2）要求采用的技术和制造的产品有利于资源能源的节约。（3）采用的技术和产品有利于人的健康。

从这个意义上来讲，目前在生态建筑技术上应该说还是非常广的，包括门窗节能技术、屋顶节能技术等等。

所谓生态技术，包括两种情况，第一种是在传统技术的基础上，按照资源和环境两个要求，共同改造重组所形成的新技术。第二种是把其他领域的新技术，包括信息技术、电子技术等，按照生态要求移植过来。从技术层次性来讲，可以把生态技术分为简单技术、常规技术、高新技术。一般来讲，简单技术和常规技术属于普及推广型技术，高新技术属于研究开发型技术，从我国实践来看，应该以常规技术为主体。

在应用生态建筑技术过程中，技术选择是非常重要的。

（1）经济性原则

生态建筑采用哪个层次的技术，不是一个单纯的技术问题，要受到经济的制约。在我国普遍采用高新技术是非常困难的，我们经常会碰到环保和生态利益和经济利益不完全一致的问题。在这个取舍当中，经济性是非常关键的。目前在欧洲，特别是在德国、英国、法国，其建立的生态建筑是以高新技术为主体。在21世纪初的"健康建筑住宅会议"曾提出"高生态就是高技术"的口号，所以这是在战略基础上建造生态的建筑。目前在我们国内把整个生态技术发展建立在高新技术的基础上比较困难，一个是经济发展水平受限，另一个是技术和材料不太完善。

（2）因地制宜原则

各个地方的气候不一样，自然资源也不一样，因此选择生态建筑，选择什么样的技术，应该根据自己的条件和特点来进行。我国北方地区冬季采暖，能源消耗非常大，对自然环境污染非常严重，首先要解决采暖问题。我国南方比较炎热、潮湿，如何通风、降温是夏季的主要问题，在南方生态建筑设计中注重遮阳和自然通风，降低夏天空调的能源消耗。设计是实现生态建筑的基本技术策略，从一定意义上讲，生态建筑是一个宏观的概念，在考虑材料再利用、新能源开发等很多问题上都不应该停留在个体建筑这个尺度上，应该把它放到整个城市或者一个区域内通盘考虑；也可以把生态建筑认为是一个技术的集成体，许多技术问题，如能源优化问题、污水处理问题、太阳能的采用和处理问题，并不是建筑专业范围内的问题，需要建筑师和各个专业的工程师共同合作。从技术层面上来讲，首先规划选址合理，减少环境污染，资源高效循环利用，降低能源消耗，采用太阳能、风能，等等。从过程上来讲，提高建筑的保温隔热性能，实现建筑防晒，自然采光照明等，这是生态建筑采用的基本技术策略。

建筑通风是生态建筑普遍采用的比较成熟的技术，自然通风应该取代机械通风和空调制冷，一方面可以不消耗能源而降温除湿，另一方面提供新鲜的自然空气，有利于人的健康。建筑通风可以分为风压通风和热压通风两种，要有比较理想的外部风环境，一般来讲风速不小于每秒2～3米，房间进深大于15米。我国土地资源非常紧张，如果建筑住宅房间进深太大，对土地使用很不利，建筑要面向夏季主导风向，一般房间进深不大于15米，自然通风可以得到比较好的解决。同时要强调地理空间，建筑物前后包括围墙和植被都可以改变自然的风向，改变风力，可以利用这些东西进行自然通风。自然通风很不稳定，在外部不理想的时候用一定的热压通风。比如在设计中，在转角的地方设计出入口和玻璃塔，在夏天的时候可以升高，冬天可以降低，周边玻璃起温室的作用，对室内起保护的作用。

（三）数字技术在生态环境艺术设计中的应用

1. 数字环境技术设计的表现手法

在当今数字化时代，现代生态环境艺术设计出现了革命性的变革，因为其中融入了数字化技术和网络技术，主要表现为沉浸式设计和非沉浸式设计。基于虚拟现实技术又可分为基于模型的沉浸式设计和其他的设计两种，基于模型的沉浸式设计在一般的展示中不会被应用，主要因为其成本高，技术含量高，相对较不成熟。因此以下仅讨论非沉浸式展示中基于图像的设计、基于模型的设计。

2. 基于图像方法的探究

（1）获取图像

通过 3Dmax、Maya 等制作的场景六面渲染输出，获取图像，或用照相机、鱼眼镜头、三脚架、云台等进行拍摄后获得图片。

（2）交互制作

导入图像后运用"造型师"等软件进行全景图拼合后加入事件响应，实现交互操作。不同的软件，操作的步骤也有差异：①我们可以通过创建虚拟场景，以任意一个角度观察一个大厅并环绕四周，也可以围绕某一个物体观察它，能够实现对一个物体或空间进行全景观察。因为这些照片是相互连接的，所以我们在观察的时候，可以任意地改变视点、转动观看，只要紧密正确地连接且照片足够精细，我们就可以获得空间上的感觉。②在互联网上，"造型师"提供一种可以高仿真展示三维立体物体的全新方法。它能自动生成物体展示模型，拍摄一个现实物体，得到图像后自动进行处理，用户可以方便、全方位、便捷地观看物体。③预览、发布。经审核、认可后，用相关软件将方案生成可执行文件或者网页文件后发布。

3. 基于模型方法的探究

基于图像的方法非常注重对于实物信息的采集，通过对实体几何图形进行建模运算，计算机设备中营造虚拟现实场景，用户通过各种操作与计算机实现交互。这种方法的优点在于：传输速度匀速，因为操作所需的数据量很小；交互功能非常好，用户、设计师都可以直接和计算机进行交流。但这种方法也有其局限性，因为受限于网络流量的"瓶颈"和操作软件的缺陷，不能提供高清晰度、高仿真度的图片。工作内容如下：

（1）建模

NURS，这种建模方式主要广泛应用于形状复杂、表面平滑的几何物体，尤其善于表达物体的细节部分，使建造模型拥有较高的仿真度和真实性。但这种建模方式有利有弊，甚至有其自相矛盾的地方。例如，改建模方式要求用曲面进行建模，而曲面只有屈指可数的几种拓扑类型可供选择，因此建造形状复杂的几何模型，尤其是具有分支结构的物体，无异于痴人说梦，所以说它是计算机图形学中一个纯粹的数学概念。

（2）多边形建模技术

NURBS 建模方式与 NURBS 建模方式恰恰相反，它的建模思路非常通俗明了，它采用各种小型平面来搭建各种大型的几何物体。先确定要建模物体的大致形状，运用各种小平面三角形、菱形、梯形等进行组合，组合完毕之后运用修改器对整体效果进行修剪，就像花园的园丁修剪花朵一样。在虚拟现实环境中，进行此类的修改非常容易，缺点就是建造出的模型表面不光滑，不适合构造形状复杂不规则的物体。

（3）细分曲面建模

此建模方式刚好能弥补 NURBS 建模的主要缺陷，这种方式非常善于建立曲面，它一改建模的复杂度，利用网格进行曲面的构造，因此构造物体时虽然要用到很多平面，但修改时只会在局部曲面上进行修改，不会增加整体模型的复杂度，因此不仅方便快捷，还能保证物体的表面光滑性，对细节特征的损耗也非常小。

效果图的绘制依赖手工操作，局部细节的修改就要耗费大量的人力、物力、财力，甚至可能全盘否定设计师的设计图，但运用数字化表现技术，设计师可以很方便快捷地对效果图进行修改和完善，使局部问题甚至是全局问题得到及时的纠正。

4. 数字生态环境艺术设计的原则

（1）明确设计的目的

设计师进行环境艺术设计时必须明确自己的目标，对于将要设计的内容、整体环境，以及本次设计所要达到的效果都必须明确，如果仅以个人的主观臆想或者偏好进行设计，是不明智的。

（2）新颖的艺术形式

环境艺术设计是艺术设计的一支，艺术设计是不断发展创新的艺术表现形式，环境艺术设计也必须不停地在原有基础上进行翻新，使环境艺术设计的生命得到新的延续，更加具有吸引力。所以，设计师需要不断开拓创新的艺术形式，充分发挥自己的聪明才智，让更丰富的艺术形式展现在世人面前。基于数字技术的各种软件，在设计实践中，色彩的显示非常丰富，材质的选择范围也异常广泛，但在展现具体的设计效果时，由于计算机表现技术对于线条比例、色彩范围以及体量失控的精确性，抹杀了环艺设计方案中的模糊性和随机性，使设计缺乏了设计师的灵感火花。还由于一些设计师对于设计软件的不熟悉，以及设计软件本身功能的局限性，设计师很多优秀的设计思想未能付诸设计实践。这些因素都使设计作品不能充分体现设计师的思想、灵感，严重束缚了设计师从事设计的手脚，限制了设计师的设计自由。

（3）集成性与交互性

融入了数字技术的环境艺术设计具有十分震撼的表现力和感染力，使受众的视觉、听觉、触觉等诸多感官都能感受到艺术的刺激。这是因为数字环境艺术设计集多种技术于一身，如果没有多种技术的集成，这种优势就无法得到体现。但技术的集成并不代表是简单的物理性堆砌，而是各组成部分之间的优化组合。这种组合使数字环境艺术能够和受众进行良好的沟通，这种优秀的交互性也是数字环境艺术设计与其他艺术设计的重要区别。

（4）科学性与真实性

环境艺术设计面对的是社会公众，它所表达的内容对社会具有必然的影响，要让环境艺术设计给社会带来良好的效益，其所表达内容的科学性和真实性必须得到保证。

5. 数字技术应用于生态环境艺术设计的案例

（1）构建数字三维城市系统

数字城市顾名思义就是将城市的各种信息，所处地理位置、风土人情、建筑风格、经济水平等信息以数字化手段进行处理，录入计算机设备，通过虚拟现实技术在虚拟环境中还原出现实中城市的面貌。比如，卡塔尔的足球场在建造前通过软件的设计，展现出球场的迷人风采和球场周边相关的公共设施，让人一目了然球场的布局和结构，更方便设计师们对设计细节的调整，通过这种数字化的模拟还可以直观感受到白天和夜晚的球场环境景色。

利用计算机图形原理以及虚拟现实技术、三维模拟技术还原出现实中城市的面貌，从而达到信息传输的目的，满足用户的需求，这就是数字技术运用于环境艺术设计中的魅力所在。三维城市模型的研究、建立于应用展现出城市景观，在此基础上开发的数字城市可视化平台，在地理位置、风土人情、建筑风格、经济水平研究与展示方面有很大的应用价值。

（2）历史文化遗产的保护与虚拟重现

利用数字化方式也可以保护珍贵国家文化遗产，许多珍贵的文化遗产已经遭到严重的破坏，这种破坏是不可逆的，即使利用当今先进的技术进行修复，也不能恢复其本来面目。利用虚拟现实技术所实现的文化遗产虚拟情景再现，使世界人民足不出户却能全方位观看和了解中国的悠久历史文化和民族特色。如保护文物又能进行真实的展示是困扰当今博物馆行业的难题，而故宫博物院创造性地将古代文物珍品以动态形式展示，全然再现珍品原貌，同时添加互动和主题介绍，使人们不必拘泥于静物的展示，在领略珍品的同时，更体会文化的演变与历史的沿革，不仅使人体验到一场视觉盛宴，更能够令人仿佛穿越时空，开启一场与古人心境的交流之旅。

现在的太和殿已经成为宝贵的文物，游客已经不被允许进入，但是通过虚拟展示可以让人们身临其境。这种虚拟展示体现了文化遗产的保护和环境与数字化的结合，运用虚拟现实技术结合数字可视化展示，将故宫中各种建筑的详细信息采集录入展示数据库内，在虚拟环境中建造出虚拟的"故宫"，利用投影仪将视频信息通过银幕向观众展示，同时配合声、光、电等辅助设备，进一步增强现场的真实感。

（3）电影中虚拟建筑的营造

"虚拟建筑"顾名思义是一种虚拟出来的建筑物，是一种事实上并不存在于客观世界的建筑物，是根据人的意向在虚拟世界中营造出的建筑物。利用虚拟建筑进行场景漫游是当下非常流行时尚的领域，前景也是十分美好，这种技术在各种需要虚拟场景的行业都大有用武之地，如虚拟战场演示、虚拟模拟作战、虚拟游戏场景等，促成了新艺术形式的诞生。

在电影中，有许多虚构的场景和建筑，现实生活很难建造完成，那么在制作电影的过程中我们可以运用数字技术在环境中构建需要的建筑造型，然后通过拍摄手法，在电影中呈现逼真的效果，使观众体验一场视觉盛宴。特别是最近的数字化技术，让电影呈现出了三维立体效果，更是让人惊奇数字化的魅力。

任何艺术门类和形式都离不开生存环境的再现和体验。只要有对环境的体验和介入，环境中就必然包括建筑环境。由于数字技术运用到环境中来使虚拟建筑技术进一步发展，今天人们感受到未来艺术形式中的建筑场景与人交互的雏形，以及环境中的感情色彩，未来艺术和社会文明对数字化的环境技术发展的巨大期望是可想而知的。

6. 数字生态环艺设计的前景展望

数字化的手段和运行工具运用了静态图像和虚拟现实的交互性为之呈现的设计方案，带给人们的体量感、材质感、空间感和色彩感都具有很高的准确性。通常我们把数字化的表现技术分为三类，分别是相关软件运用技术、相关表现程式、相关表现处理技术，它们无一不融合了软件操作技术、审美意识和工程技术知识为一体的操作。

（1）以概念设计为先导——虚拟现实设计

近年来，数字技术和虚拟现实技术在整体可用性上取得了很大的突破。最重要的是最大程度上实现了对真实情景的模拟。随着计算机和可视化技术的进步，虚拟环境系统将能呈现出更加真实的环境，虚拟环境越真实，展示出的艺术效果就越明显。高清技术更是为场景真实化做出了巨大贡献，如同电影一样，下一个合理的发展方向当然是在三维条件下构建现实的环境。目前，通过电子元件记录全息图，省略了图像的后期化学处理，节省了大量时间，实现了对图像的实时处理。同时，其可以通过电脑对数字图像进行定量分析，通过计算得到图像的强度和相位分布，并且模拟多个全息图的叠加等操作。

（2）全息技术的原理

人类之所以能感受到立体感，是由于人类的双眼观察物体是横向的，且观察角度略有差异，图像经视并排，神经中枢的融合反射及视觉心理反应便产生了三维立体感。根据这个原理，可以将显示技术分为两种：一种是利用人眼的视差特性产生立体感；另一种则是在空间显示真实的立体影像，如基于全息影像技术的立体成像。全息影像是真正的三维立体影像，用户不需要佩戴立体眼镜或任何辅助设备，就可以从不同的角度裸眼观看影像。数字全息技术的成像原理是，首先通过器件接收参考光和物光的干涉条纹场，由图像采集卡将其传入电脑记录数字全息图；然后利用菲涅尔衍射原理在电脑中模拟光学衍射过程，实现全息图的数字再现；最后利用数字图像基本原理再现的全息图进行进一步处理，去除数字干扰，得到清晰的全息图像。而现代的全息技术材质采用新型光敏介质，如光导热塑料、光折变晶体、光致聚合物等，不仅可以省去传统技术中的后期处理步骤，而且信息的容量和衍射率都比传统材料较高。

第三章　绿色生态理念在室内艺术设计中的应用

第一节　生态学和生态美学对室内设计的影响

一、生态学与生态美学理论概述

（一）生态学

1. 生态学概念

最开始接触生态学的概念，人们心中的固有印象就是建设绿色的、可持续发展的环境，或者是在周围的环境空间里多进行绿化，营造一种舒心和宜人的状态。这种固有印象确实是生态学分支的一个概念，但是现在生态学这个概念所研究的重点是整个大环境中各个因素之间的相互关系。所谓相互关系，就是各个因素之间从无到有，共同促进、相互产生，彼此互相补充、互惠互利、共同发展的一个状态。在这个状态中，各个因素不管有意识的还是无意识的都在彼此交流，和谐共生。这个环境空间中包含着大千世界中的各个因素，人类自身也是世界中现存因素的一个小分支，所以生态学概念中跟人类生活最密切相关的就是，提倡人们要正确地认识自然，维护健康和谐不被破坏的生态也就是在维护我们自身的生活不受到污染，提倡无论自然或生态都可以和谐相处。

从专业的角度来说，生态学是研究生物与环境之间相互关系及其作用机理的科学。生物的生存、活动、繁殖需要一定的空间、物质与能量。生物在长期进化过程中，逐渐形成对周围环境某些物理条件和化学成分，如空气、光照、水分、热量和无机盐类等的特殊需要。各种生物所需要的物质、能量以及它们所适应的理化条件是不同的，这种特性称为物种的生态特性。

在20世纪，随着科学家开始接触生态学的概念，在对其深入了解之后，对生态学这个在人们初期印象中相对笼统理念的相关探索也越来越深入，生态学开始作为新兴的专业，进入整个教育和科学领域的历史舞台，并受到人们广泛的关注和了解。此后，生态学的概念广为人知，人们开始把生态学应用到生活和工作中的各个方面，以此来解释社会中的各种问题。

对相互作用这的理解最早来源于德国科学家赫克尔的理论观点。赫克尔在学术界最早提出关于生态学的概念，他是一位动物学家，所以他认为的生态学就是动物和周围环境之间的相互作用和相互关系。这种相互关系是动物和其他动物之间、动物和非生物之间的关系。任何生物的生存都不是孤立的：同种个体之间有互助有竞争，植物、动物、微生物之间也存在复杂的相生相克关系。人类为满足自身的需要，不断改造环境，环境反过来又影响人类。

应当指出，由于人口的快速增长和人类活动干扰对环境与资源造成的极大压力，人类迫切需要掌握生态学理论来调整人与自然、资源以及环境的关系，协调社会经济发展和生态环境的关系，促进可持续发展。随着人类活动范围的扩大与多样化，人类与环境的关系问题越来越突出。因此，近代生态学研究的范围，除生物个体、种群和生物群落外，已扩大到包括人类社会在内的多种类型生态系统的复合系统。人类面临的人口、资源、环境等几大问题都是生态学的研究内容。

生态学在人文研究领域，更多的是一种研究的方法论、一种研究的角度。用生态学进行研究时不能割裂地看待某种事物所呈现的现象，不能把它们孤立开来，而无视其他方面在这个事情中所做的努力。我们要坚持用整体的角度来分析发现的问题，这种意识可以用来指导后面提出的设计实践应用。在进行设计研究的时候，要把握生态理念设计这个切入点，有意识地把设计理念中考虑的各个设计因素置于一个整体的生态系统中，让这个系统中的设计因素都能相互促进、共同发展。

2. 生态学的基本内容与分类

按所研究的生物类别分有：微生物生态学、植物生态学、动物生态学、人类生态学等。

按生物系统的结构层次分有：个体生态学、种群生态学、群落生态学、生态系统生态学等。

按生物栖居的环境类别分有：陆地生态学和水域生态学。前者又可分为森林生态学、草原生态学、荒漠生态学、土壤生态学等，后者可分为海洋生态学、湖沼生态学、流域生态学等。还有更细的划分，如：植物根际生态学、肠道生态学等。

生态学与非生命科学相结合的有：数学生态学、化学生态学、物理生态学、地理生态学、经济生态学、生态经济学、森林生态会计等。与生命科学其他分支相结合的有：生理生态学、行为生态学、遗传生态学、进化生态学、古生态学等。

应用性分支学科有：农业生态学、医学生态学、工业资源生态学、环境保护生态学、环境生态学、生态保育学、生态信息学、城市生态学、生态系统服务、室外空间生态学等。

（二）生态美学

1. 生态美学的概念

生态美学，就是生态学和美学结合而形成的一门新型学科。生态学是研究生物（包括人类）与其生存环境相互关系的一门自然科学学科，美学是研究人与现实审美关系的一门哲学学科，这两门学科在研究人与自然、人与环境相互关系的问题上却找到了特殊的结合点。生态美学就生长在这个结合点上。

作为一门形成中的学科，它可能向两个不同侧重面发展，一是对人类生存状态进行哲学美学的思考，二是对人类生态环境进行经验美学的探讨。但无论侧重面如何，作为一个美学的分支学科，它都应以人与自然、人与环境之间的生态审美关系为研究对象。

生态美学有狭义与广义两种理解。狭义的生态美学着眼于人与自然环境的生态审美关系，提出特殊的生态美范畴。广义的生态美学则包括人与自然、社会以及自身的生态审美关系，是一种在新时代经济与文化背景下产生的有关人类的崭新的存在观。生态美学将和谐看作是最高的美学形态，这种和谐不仅是现实的和谐，也是精神上的和谐。它是在后现代语境下，以崭新的生态世界观为指导，以探索人与自然的审美关系为出发点，涉及人与社会、人与宇宙以及人与自身等多重审美关系，最后落脚到改善人类现实的非美的存在状态，其深刻内涵是包含着新的时代内容的人文精神，建立起一种符合生态规律的审美的存在状态。这是一种人与自然和社会达到动态平衡、和谐一致的崭新的生态存在论美学观。

生态美学不是从个体或物种的存在方式来看待生命，而是超越了生命理解的局限与狭隘，将生命视为人与自然万物共有的属性，从生命间的普遍联系来看待生命。美无疑是肯定生命的，但是与传统美学的根本不同在于，生态美学说的生命不只是人的生命，而是包括人的生命在内的这个人所生存的世界的活力。其审美标准由以人为尺度的传统审美标准转向以生态整体为尺度。原野上的食粪虫美不美？依照传统的审美标准，人们认为它们是肮脏的、恶心的、对人不利的；依照生态美学的审美标准，它们是值得欣赏和赞美的美好生灵，因为它们对原野的卫生意义重大，因为它们是生态系统中重要的环节。

生态美和其他形态的美如自然美、社会美、形式美、艺术美一样，是人的价值取向和某种客观事物融合为一的一种状态或过程，但生态美也不同于其他形态的美。美的形态的区分，主要依据产生美的客观事物，如自然山水、社会生活、艺术，而生态美产生的客观基础是生态系统。生态系统是非常复杂的系统，不仅有自然事物，也包括社会事务；不仅指自然环境，也包括人造环境。种种不同的事物所构成的生态系统的外观可以说是形式多样、内涵丰富。

生态美学是生态学与美学的有机结合，实际上是从生态学的方向研究美学问题，将生态学的重要观点吸收到美学之中，从而形成一种崭新的美学理论形态。生态美学从广义上来说包括人与自然、社会及人自身的生态审美关系，是一种符合生态规律的当代存在论美学。

3. 生态美学的研究对象及内容

为生态美学定位，最基础的还是要关注它的研究对象和内容，确定了这一点，就等于基本上确定了它的坐标，确定了它的位置。生态美学，作为生态学和美学相交叉而形成的一门新型学科，具有一定生态学特性或内涵，当然也具有美学的特性与内涵。研究这样一种关系，实际上也就需要一种生态存在论的哲学思想，一种看待这一关系的眼光和视野。生态美学对人类生存状态进行哲学美学的思考，是对人类生态审美观念反思的理论。

生态审美观的建构是以对"生态"的理解为前提的。生态学认为，一定空间中的生物群落与其环境相互依赖、相互作用，形成一个有组织的功能复合体，即生态系统。系统中各种生物因素（包括人、动物、植物、微生物）和环境因素按一定规律相联系，形成有机的自然整体。正是这种作为有机自然整体的生态系统，构成了生态学的特殊研究对象。生态学关于世界是"人—社会—自然"复合生态系统的观点，构成了生态世界观。它推动了人们认识世界的思维方式的变革，把有机整体论带到各门学科研究当中。这一点对于确定生态美学的研究对象十分重要。生态美学按照生态学世界观，把人与自然、人与环境的关系作为一个生态系统和有机整体来研究，既不是脱离自然与环境去研究孤立的人，也不是脱离人去研究纯客观的自然与环境。也就是说，生态美学应该把包括自然、环境、文学、艺术等在内的一切具有生态美因素，并与整体生存状态有关的事物纳入生态美学宏观的研究对象。美学不能脱离人，生态美学把人与自然、人与环境之间的生态审美关系作为研究对象，这表明它所研究的不是由生物群落与环境相互联系形成的一般生态系统，而是由人与环境相互联系形成的人类生态系统。人类生态系统是以人类为主体的生态系统，以人类为主体的生态环境比以生物为主体的生态环境还要复杂得多，它既包括自然环境（生物的或非生物的），也包括人工环境和社会环境。当然，由人与环境相互作用构成的人类生态系统以及人类生态环境，不仅是生态美学的研究对象，也是各种以人类生态问题为中心的生态学科（如生态经济学、生态伦理学等）的研究对象。但是，生态美学毕竟是美学，它对生态问题的审视角度应当是美学的。它是从人与现实审美关系这个独特的角度，去审视、探讨由人与自然、人与环境构成的人类生态系统以及人类生态环境问题。生态美学以审美经验为基础，以人与现实的审美关系为中心，去审视和探讨处于生态系统中的人与自然、人与环境的相互关系，去研究和解决人类生态环境的保护和建设问题。

4. 生态美学的研究方法

哲学研究存在，称为本体论，它是传统哲学框架的支柱和理论基础。在对生态美学的研究中，其研究方法应该建立在本体论的基础上，换句话说，生态美学应该以本体论作为研究的理论前提。

对人的感性与理性、主观与客观的分裂反思是从康德开始的。康德以前的西方美学大多围于认识论的范围，美与审美离不开"模仿""对称""典型"等范畴。康德看到了近代哲学"认识论"转向以后致命的问题，那就是事先假定认识的对象存在，然后规定人们的认识要符合那个不依赖人的认识的"自在之物"。为了解决这个难题，康德提出"先天综合判断"的命题。他一方面认为仅仅具有经验是不够的，因为它解决不了知识的普遍必然性的问题，其中一定包含着某种先验的因素。于是，他提出了"我们如何能够先验的经验对象"的问题。对于这个问题，如果我们用传统的"人的认识符合对象"的思维模式是解决不了的，因此康德对此来了一个颠倒，即"对象要符合人的认识"。这说明只有通过主体的先天认识形式去规定对象，才能够获得知识的普遍必然性，这种变革被称为"哥白尼革命"。康德认为，认识论不考察人的认识能力而去探究普遍必然性的知识的可能性，和本体论不考察人是否具有掌握世界本体的能力，从而谈论世界的本体，都是不现实的，也是不可能的。他认为，哲学的任务便是对人的认识能力的考查，主体的认识能力决定着知识的可能性和必然性。这种对主体认识能力的研究为主体性的研究开辟了道路，为以主体自我反思作为出发点去理解世界指明了方向并为生命哲学的本体论建构奠定了基础。

其实本体论并不是一个新的创造，也不是一个时髦的用语，在古希腊时的哲学就是本体论哲学。古希腊的哲学家把世界的本源称为"水""火""原子"等等，就是把这些事物作为本体来对待的。之所以说海德格尔复兴了本体论，是因为传统本体论是实体本体论，现代本体论是生命本体论。生命本体论不是一般的反对研究事物的存在，而是反对研究与生命无关的存在。这里的生命不单单指人的生命，而是指一切具有生命的生生不息的存在，包括有机自然界的存在。现代本体论认为"本体"不是实体，它是一个具有功能性的概念。现代思维的一个特点是消解实体性思维，因为实体性思维是传统本体论的产物。我们过去总是习惯于追究事物背后的实体，其实这个所谓的实体是不存在的，它是人类思维悬设的结果。奎因提出"本体悬设"就体现了对本体论前提的自觉的理论要求。奎因认为，任何理论家都有某种本体论的立场，都包含着某种本体论的前提。奎因对本体论的新理解，改变了形而上学的命运，重新确立了本体论的地位，本体论问题就是"何物存在"的问题。但是，这里有两种截然不同的立场：一种是本体论事实问题，即"何物实际存在"的问题，这是时空意义上的客体存在问题；另一种是本体论悬设的问题，即"说何物存在"问题，这是超验意义上的观念存在问题。这样他就否定了传统本体论的概念和知识论立场上的方法，认为并没有一个实际存在的客观本体。本体问题不是一个事实性的问题，这样就把传统本体论问题转换成了理论的约定和悬设问题。因此，本体悬设就不是一个与事实有关的问题，而是一个与语言有关的问题，是思维前提的建构问题，它也是一种信念和悬设的问题。

在生态美学的研究中，如果我们把生态的本体悬设为生命，我们就可以从生命的立场上去研究生态美学。从生命与环境的关系中我们便看到了生态美的深刻的本体论含义：生命是建立在生命之间、生命与环境之间相互支持、彼此依赖、共同进化的基础上。每一生命包含着其他的生命，生命之间和生命与环境之间相互支持、相互保护，生命本身也包含着环境，没有谁能单独生存，生命之间的关系、生命与环境的关系，与生命的存在同样真实。

本体论研究是生态美学理论的核心部分，主要采用现象学方法。现象学不满于把世界当作理性思考的现成对象，它要深入反思赋予人类理性认识能力、让世界在人类意识中如是显现的根源。胡塞尔把这个根源理解为人的意识结构。海德格尔把这个根源理解为"自然"，即存在者如其本然的自我显现。在生态美学的视野中，艺术的职责就是向人展示存在的必然性，让人通过感受与他人、万物、历史的共在而更深刻地理解自我，获得清新刚健的生命力量。生态美学还强调自然信仰的精神维度。由于现代文明缺少超越性的精神信仰，人沉溺于碎片式的、当下性的感性生存中，艺术则一直在加重绝望、焦虑和愤世嫉俗的感受。人类文明史上的信仰多种多样，但生态美学要把信仰建立在作为存在本源的自然上面。信仰自然意味着相信在人类文明之外还存在着一种更古老更永恒的本源的力量，人类学研究敞开一个超越的精神境界。以现象学方法为主要研究方法并借鉴中西方哲学美学的多种理论资源，以存在和审美本体论研究、自然信仰理论研究、具体的批评实践作为主要内容，关注自然生态危机和人类的精神与文化生存状态，生态美学终将推动一种人与自然、自我、他人和社会达到动态平衡、和谐一致的理想生存境界的出现。

5. 生态美学的内涵及意义

关于生态美学有狭义和广义两种理解。狭义的生态美学仅研究人与自然处于生态平衡的审美状态，广义的生态美学则研究人与自然以及人与社会和人自身处于生态平衡的审美状态。这里更倾向于广义的生态美学，将人与自然的生态审美关系的研究放到基础的位置。因为所谓生态美学首先是指人与自然的生态审美关系，许多基本原理都是由此产生并发展开来。但人与自然的生态审美关系上升到哲学层面，具有了普遍性，也就必然扩大到人与社会以及人自身的生态审美关系。由此可见，生态美学的对象首先是人与自然的生态审美关系，这是基础性的，然后才涉及人与社会以及人自身的生态审美关系。

生态美学如何界定呢？生态美学的研究与发展不仅对生态科学具有重要意义，而且将会极大地影响乃至改造当下的美学学科。简单地将生态美学看作生态学与美学的交叉，以美学的视角审视生态学，或是以生态学的视角审视美学，恐怕都不全面。对于生态美学的界定应该提到存在观的高度。生态美学实际上是一种在新时代经济与文化背景下产生的有关人类的崭新的存在观，是一种人与自然、社会达到动态平衡、和谐一致的处于生态审美状态的存在观，是一种新时代的理想的审美的人生，一种"绿色的人生"。而其深刻内涵是包含着新时代内容的人文精神，是对人类当下"非美的"生存状态的一种改变的紧迫感和危机感，更是对人类永久发展、世代美好生存的深切关怀，也是对人类得以美好生存的自然家园与精神家园的一种重建。这种新时代人文精神的发扬在当前世界范围内霸权主义、市场本位的形势下显得越发重要。

二、生态学对室内设计的影响

（一）生态设计的相关概念

1. 生态文化与可持续发展性

生态学目前被应用于多个学科领域，如生态建筑、生态食品、生态旅游等。其中，生态设计也是一个重要的分支。这些生态概念都是为了将自然的观念深入各个学科，保护我们赖以生存的地球，保护我们周围的居住环境。

人类的历史发展过程，同自然的关系巨大且密不可分。在人类发展的早期阶段，人类的生存繁衍与自然是融为一体的，人类仅仅利用了少量的自然资源。因为当时的能源形式主要为人力劳动输出。随着工业革命的出现及后期的科学革命的产生，机器作为重要的劳动力，人们对于自然的占用不仅仅是物质资源，还体现在自然中的能量资源。这些阶段人类都以人类文明作为核心的价值取向，一切以人类需求为出发点，因此违反了自然的发展规律，且没有节制地开采能源，使自然生态的平衡遭到了破坏，人类也尝到了"自私"酿下的苦果。由于以上的原因，一种新的人类文化应运而生，这就是生态文化。生态文化随着人类环境意识的不断增强正在逐渐崛起，人们在现代科学技术的帮助下，运用生态学原理，进行一种新的人类科技形式，从而实现人类物质生产与人类物质生活的生态化。

生态文化并不是完全否定人类的早期文化，而是用生态的理念完善和补充其中的缺点，维持人类的可持续发展。

可持续发展理念是人类依赖环境继续生存的指导思想，成了人类发展的策略之一，同时也为今天乃至以后的空间设计提出了一个崭新的要求。

如何保证生态设计的可持续发展，就要从节约资源、节约能源、简约实用、科学等方面着手，避免当代室内设计的弊端，拒绝奢华浪费的观点，合理利用有效空间，同时在科学的设计下，优化设计方案。

2. 室内环境设计中的生态文化

在当今的室内环境设计中，随处可见生态文化的影子，仔细归纳起来，有以下几个方面。

瑞虹新城太阳宫室内生态设计（nota 建筑设计工作室）

（1）从周围的生态环境中学习创造

自然赋予人类无穷的智慧，人类从诞生开始就从自然中学习如何生存，如何发展。如今，生态的室内设计仍然要从自然当中寻找灵感和创意，室内环境设计如果想真正地生态化，就要领悟自然中的智慧。

生态工艺作为新兴的技术形式，它以环保自然为宗旨，并不以经济利益作为第一生产目标。生态工艺的工艺路线不同于传统的生产单线的结构工艺，生态工艺采用循环式结构，具有消耗能源少、产出多、质量好、低污染的特点。设计者将这个装配艺术描述成是形态、布局、光和生活组合出的综合体。采用蒸散的原则，在生活馆表面悬挂耐阴植物来降低温度，以提供凉爽的室内环境。

（2）设计人类生活中的生态模式

绿色的生态模式要包括覆盖人类生活各种各样的绿色产品，这些产品要做到对人类的健康无害，对环境无害，即所谓的"绿色"。例如，绿色家具、绿色涂料、绿色汽车等。建立人们心中"回归自然"的良好观念，使自然生态的设计风格更加符合人类审美观念，避免当代室内设计的弊端，拒绝奢华浪费的观点，合理利用有效空间。同时在科学的设计下，优化设计方案，减少建筑装饰材料的使用，合理利用装饰成本，节约稀有的不可再生的自然资源，对室内的通风、采光采用自然结合的方式，多利用周围的环境资源，促进生态建筑、生态室内设计的发展。

（二）生态室内设计的目标

绿色化、生态化已经成为室内设计的必然趋势。生态室内设计涉及的学科非常广泛，包括科学、艺术、生活等方面，是一个多学科的综合产物。通过生态室内设计，可以呈现给人们一个舒适的生活环境，即材料环保，符合人体科学，形式上与自然相协调，多采用先进的绿色科技。生态室内设计融合了在物质层面上的塑造和在精神层面上的艺术追求，可以说生态室内设计是室内设计的最高目标，是可持续发展的未来方向。

在当今社会，人们的环保意识逐渐增强，人类的各项活动不仅要利用自然资源创造价值，还要尊重自然、保护自然，因为自然是人类赖以生存的家园。在这样的大环境下，绿色生态室内设计可以全方位地体现绿色环保的思想，高度体现了室内设计的新要求，即室内设计的可持续发展特性。

生态室内设计无疑是一个相对较为复杂的多学科融合的研究领域，它不仅是设计师就室内设计做出的解决方案，也是设计师综合其他技术，如新材料、IT 科技等技术共同创作的过程。设计师必须要以环保、可持续发展、完整的生态循环作为设计目标。

（三）生态室内设计的原则

生态室内设计要在科学的设计下，优化设计方案，减少建筑装饰材料的使用，合理利用装饰成本，节约稀有的不可再生的自然资源，对室内的通风、采光采用自然结合的方式，多利用周围的环境资源，促进生态建筑、生态室内设计的发展。

1. 居住健康原则

人类日常活动大部分都是在室内进行的，因此，作为人类接触时间最长的环境设计，室内设计的生态化首要保证的标准就是人类的健康准则。其中，人类的健康包含两个方面的含义，其一是指人类的身体健康情况；其二是人类的心理健康情况。生态室内设计的最终设计效果是要为人类营造一个健康舒适、利于居住、利于生产活动的环境，人是设计产物的使用主体，因此生态室内设计一定要以人的基本要求为基础，而人类最基本的要求就是保证其健康，不仅是身体的健康，还包括心理的健康。

据调查数据显示，目前室内污染的主要来源包含装饰材料所释放的放射性污染，建筑材料的有毒污染物等，这些污染对人的健康危害是慢性的、持久的、不容易引起重视的。例如，建筑用料的砖块、水泥、涂料中会含有一定量的有毒物质，对人体具有一定的放射性作用，会成为人类致癌的原因之一；装饰材料中多含有挥发性的有毒化学物质，如化纤类地毯、家具使用的黏合类胶水、涂料、燃料、油漆等都会释放大量的甲醛、甲苯等有毒物质，由于含量巨大又具有挥发性，同样会对人类有致癌的风险。

因此，生态室内设计要求在设计中使用的材料是环保的，对人体无害的，同时对于室内设计的采光强度、光照时间、室内空气标准、空气循环体系、室内温度、室内的湿度等方面都有很高的要求。而且，室内设计呈现的设计效果，要给人以适宜居住的感受，营造良好的环境，对使用者的心理状态进行积极地调整，要求生态室内设计符合人类的审美和愉悦舒适的设计体验。

目前，生态室内设计从环保的角度出发，要设计出一种绿色无污染、有利于人类身体和心理健康的室内环境，多采用室内绿化的方式，形成室内环境中人工建造的生态循环设施，不仅避免了因大量使用装饰材料产生的有毒物质，还提高设计的整体生态性。同时，生态室内设计应多采用环保、绿色、安全、健康的绿色材料，例如石材、木材、丝绵、藤类等天然装饰材料。这些材料相比化学合成的装饰材料，具有无毒、环保、利于室内环境调节的优点。另外，生态室内设计还多采用新的工艺手段，对建筑材料中的有毒物质进行处理，减少其对人体健康的危害。建筑和装饰材料的绿色化、生态化、环保化将是未来发展的一个新方向。

2. 环境协调原则

从生态室内设计的空间特性角度出发，生态室内空间的创造必然会侵占一定的自然环境，破坏一定的自然资源。在设计过程中，设计师不仅要注重材料的使用性能和价格成本，也要考虑材料本身的环境表现能力。加工材料多在设计中产生大量不可回收的废物垃圾，长此以往，大量的垃圾早已超出环境的负荷能力，自然不能通过生态系统消化这些废物和垃圾，对自然的危害极大，进而导致自然生态失去平衡，影响人类的长期生存和发展。

在环境污染的数据中，建筑业造成的环境污染可以达到30%以上，而这30%的大部分又来源于室内设计中产生的垃圾废物。许多建筑和设计过程中的材料因无法循环利用被丢弃，这些污染的数量巨大，已经超出了自然负荷的水平。

因此，节约资源、保护环境、体现材料的原生态特点是生态室内设计的一个设计准则，设计中使用材料的限度要保证在自然可接受、可更新、可循环的限度之内，设计师要多利用可再生、可重复利用的材料，从而降低设计对自然的破坏。生态室内设计追求的恰恰是在材料的可使用时间与自然生态环境可循环时间中的一个平衡状态。

3. 与自然相融合的审美原则

生态室内环境设计作为室内设计发展的大方向，其讲究的是人与自然的和谐共处，从审美角度来讲，体现了人与自然的完美结合。如何在设计风格中体现人与自然为一体的设计理念，需要当今的新型科学技术、新型材料、新型能源、新型制造工艺以及自然的设计风格配合完成。

人们对室内设计的追求已经不再停留在居住舒适的程度，还包含了个人审美的诉求、精神追求的表达。人们对生态室内实际的要求是可以表达人们的文化诉求、审美意境。

生态室内设计中自然与人融合的审美体现在设计的各个细节上，例如采光方面多选择光线充足、光影变换较为丰富的设计效果，这样设计不仅可以使设计的空间得到拓宽，还使室内的设计与外部的自然环境可以有机地结合在一起；色彩运用方面也多采用自然色调，在装饰选择上多采用植物、生态景观、动态流水效果、巨石假山、花鸟鱼等自然材料，让人仿佛置身于大自然中。

目前生态室内设计在设计材料的使用上，不仅要求其本身要有低污染、可再利用、可循环的特点，而且人们希望材料可以主动地净化室内环境。目前材料学科的研究进展，已经超越了被动地降低污染程度，设计材料还可以主动营造一个有利于人类居住的室内环境。这就需要设计师要综合分析周围的自然环境条件、人类的内在活动影响因素，充分考虑人与自然如何和谐共处的特点，将材料本身转化成有利于人与自然的因素。

4. 可持续发展的原则

生态室内设计的可持续发展性是生态室内设计区别于传统设计的根本所在，是生态室内设计的发展导向。可持续发展理念的最初提出，是在1980年世界自然保护联盟（IUCN）、联合国环境规划署（UNEP）、野生动物基金会（WWF）共同发表的《世界自然保护大纲》中。在人口数量的急剧增加、环境资源可用量不断减少的今天，可持续发展无疑是一个非常正确的理念。它是人类依赖环境继续生存的指导思想，成了人类发展的策略之一，同时也为今天乃至以后的空间设计提出了一个崭新的要求。

如何保证生态设计的可持续发展，就要从节约资源、节约能源、简约实用、科学等方面着手，避免当代室内设计的弊端，拒绝奢华浪费的观点，合理利用有效空间；同时，在科学的设计下，优化设计方案，减少建筑装饰材料的使用，合理利用装饰成本，节约稀有的不可再生的自然资源，对室内的通风、采光采用自然结合的方式，多利用周围的环境资源。

节约资源、节约能源是维持生态室内设计可持续发展的一个最直接的手段，尤其是在不可再生的珍贵资源的利用方面。首先，在空间的利用方面，设计要尽量做到合理安排，杜绝奢侈豪华的设计风格，多采用多层复合结构的空间设计，在有限的空间内提供给人们多种使用需求的构造。其次，通过科学、优化的设计，减少室内设计中装饰的过多、冗余、繁复的现象，在满足室内设计的基本要求下，最大限度地减少材料的使用，降低装修成本。在设计过程中，充分考虑材料的可重复利用的特性、家具的使用期限，选材也多选用环保、绿色、安全、健康的绿色材料，例如石材、木材、丝绵、藤类等天然装饰材料。这些材料相比化学合成的装饰材料，具有无毒、环保、利于室内环境调节的优点。最后，在采光、通风、噪音处理、能源使用方面，多使用自然资源。例如，利用自然采光营造空间拓宽的效果，通风考虑周围环境因素，利用太阳能设计洗浴、水加热等。

相比传统的室内设计，生态室内设计更加绿色、环保，而且其中的艺术成分更加突出，也强调了人们在设计中的参与性及大自然的存在感。

（四）生态室内设计的内容

生态室内设计一般包含四个设计内容：室内空间的设计、室内装修设计、室内的物理环境设计和室内的陈设设计。

1. 室内空间的设计

室内空间设计是指调整好空间的比例尺度，同时，在空间的设计中包含一种文化的创造，力求使创造的空间形象能够激发人们某种文化方面的联想，并且把继承与创新结合起来，充分考虑内部环境与外部环境的关系，创造可灵活划分的符合时代特点的空间。

2. 室内装修设计

室内装修设计是指在对空间围护体的界面，包括墙面、地板、天花板的处理，以及对分隔空间的实体、半实体的处理中，不宜使用易燃和带有挥发性、对人体有害的材料。注意材料的色彩、质感的搭配等视觉因素对人的生理、心理产生的影响。

3. 室内的物理环境设计

室内的物理环境设计是指对室内气候、采暖、通风、照明等指标进行评价分析，运用人体工效学、环境心理学等边缘学科综合设计，使室内环境最大限度地满足人的生理、心理需要，维持局部生态平衡。随着科技的发展，将日新月异的科技成果成功地应用于现代室内设计中，使其符合可持续发展的原则。

4. 室内的陈设设计

室内的陈设设计是指在设计家具、装饰物、照明灯具等装饰陈设时，尽可能在设计中做到陈设的拆装灵活、组合方便，在设计中融入弹性设计的观念，使人们可以根据需要灵活选择、组合。

（五）生态室内设计的特点

生态室内设计是一个相对较为复杂的多学科融合的研究领域，不仅具有一般传统室内设计的特点，还有自己独有的生态性、可持续发展性等特点。

1. 整体性

生态室内设计不仅是一个独立的室内设计，还要兼顾周围的自然生态特点、室内环境与整体建筑环境的和谐性以及室内设计中多种设计元素的共处。因此，生态室内设计是一个整体的设计系统。室内环境设计是整体建筑环境的一部分，因此室内环境设计要与整体的建筑设计呈现一种局部与整体的感觉，不可以单独分裂地看待室内环境设计，二者的整体统一的设计是设计师不可忽略的一点。室内环境设计同整个自然环境之间也是一个有机的整体，这恰恰是生态室内设计要强调的一点；室内环境设计中各个组成元素也要在尺寸比例、色彩搭配、材料质感、风格一致方面做到整体一致性。

2. 生态性

按照生态学的原则,建筑与室内环境共同成为一个有机的生命体,建筑的外壳是生命体的皮肤,建筑的结构是支撑的骨骼,而室内所包容的一切则是生命体的内脏,建筑只有在这三者的协同作用下才能保持生机,健康成长。因此,必须坚持室内环境与建筑的一体化设计,同时充分考虑室内环境诸要素之间的协调关系以及室内环境对整个自然环境可能带来的负面影响。

3. 人为性

在生态室内环境设计中,人为因素非常重要,生态室内设计强调了以人为本的设计原则。对人的关怀、人的基本需求都体现在生态室内设计中,其中的循环系统也包含了人的成分。人作为整个室内生态系统的组成部分,也提高了生态室内设计的可控性。

4. 动态性

生态室内设计不是一成不变的,它处于一个相对运动的状态,而且随着时代的发展,人们对室内设计的要求也不断提高。因此,为了满足生态室内设计可持续发展的特性,要兼顾人文需求的不断变化,生态室内设计必须处于一个运动的状态,其中包括设计元素的动态性、设计需求的动态性。

5. 开放性

生态室内设计的最终目标是设计一个利于人类、利于自然的居住工作环境,那么生态室内设计必然凝结人类的智慧,保证生态室内设计的开放性,可以促进生态室内设计的快速发展,更加符合人文需求,更加贴近自然。

(六) 生态室内设计的价值

价值定义了主客体之间的实践关系,它取决于人类的意识层面的活动。价值的表达是通过自我意识的方式展现出来的。生态室内设计中的价值体现,就是在室内设计中,保证生态的平衡,确保各个有机体,例如居住者、设计中的生态系统等可以在设计环境中有共同良好的生存发展。

生态室内设计的价值主要体现在人与自然的关系上,在人类发展的早期阶段,人类的生存繁衍与自然是融为一体的,人类仅仅利用了少量的自然资源,因为当时的能源形式主要为人力劳动输出。随着工业革命的出现以及后期的科学革命的产生,工业生产中,机器作为重要的劳动力,人们对自然的占用不仅仅是物质资源,还体现在自然中的能量资源。这些阶段人类都以人类文明作为核心的价值取向,一切以人类需求为出发点,因此违反了自然的发展规律,不断且没有节制地开采能源,使自然生态的平衡遭到了破坏。自 20 世纪 60 年代,生态保护的概念逐渐深入各个学科中,促使人们保护我们赖以生存的地球,保护周围的居住环境。

生态室内设计的价值强调的是人的发展要尊重自然的规律,同自然和谐共处,关注环境,与环境相协调;同时,生态室内设计还要与社会经济、自然生态、环境保护结合在一起,共同发展,保证人类的自由、健康、可持续发展。

三、生态美学对室内设计的影响

（一）生态美学的哲学基础

生态美学以当代生态存在论哲学为其理论基础。生态哲学主张自然界的有机性、整体性和综合性，生态美学从人与自然的共生关系来探寻美的本质，以对生命系统良性循环的促进作用来考察美的价值。生态美学的哲学基础主要由以下四个方面组成。

1. 生态美并非某一事物的美，而是整个生态系统的美

生态哲学将世界看作是不可分割的有机的活的系统，部分无法脱离整体而独立地发挥作用，整体也必将受到部分的牵制和影响，并且部分和整体之间是相互决定、相互制约的关系。所以说事物所表现出的生态美不仅仅体现了这一事物的美，并且体现了对整个生态系统的审美。某一事物的美和整个生态系统的美也是不可分割、不能独立存在的。生态系统的范畴指的是人与自然构成的生命体系以及支持该生命体系存在的物质环境和精神人文环境。生态美体现在生命从产生到消亡的整个过程中，以及人和自然、人和他人、人和自身这些多重关系的相互协调中。

2. 人只是生态系统的一个环节而并非绝对的主体

近代西方哲学将世界分为主体人和客体的事物两个部分，强调了人的主体地位，也体现了人本主义精神，有利于对世界做客观的考察和分析，加强了研究结论的客观性。生态哲学对世界是没有主、客体之分的，人只是生态系统的一个环节而并非绝对的主体。在这个世界上，自然赋予人生存的环境，但自然的存在绝非以人的存在为前提，而人的存在也不能完全脱离自然环境。在生态美学中，主导审美标准的并非人，而是使整个共生系统持续发展的客观规律；人不能过于夸大在审美活动中的主导作用，而是通过审美客体对整个生态系统的存在和运作有逐步加深的认识。

3. 生态美学是人的价值和自然的价值的统一

价值取向是人类进行一切思考与判断的前提，美是一种价值，审美尺度是评判价值的工具。在生态美学中，生态美也是有价值的，它体现出的价值并非是审美客体对人产生的价值，而是审美客体的价值对生命体系价值的协调程度，是人的价值和自然价值的统一。在整个生态系统中，任何一个环节所体现出来的价值都代表了它自身的价值以及对人的价值和自然价值的映射，同样，人的价值也是通过外界事物的价值表现形式来体现。用一个简单的比喻来说明这个问题，正如人体内的细胞和整个人体，细胞虽说只是整个人体中非常细小的一部分，然而每个细胞中都含有对整个人体的发展起决定性作用的基因，这基因就体现了整个人生命的发展规则和趋势，也是整个人体和部分相互统一协调的根本所在。

4. 生态美学是自然的人化和人的自然化的统一

在传统美学中，人对自然的审美是将自然人化的过程，也是实践美学的基本思想。生产实践是人类认识世界的有效途径，然而过度的生产实践又是破坏人类生存环境的原因。在生态美

学中，审美过程是自然的人化和人的自然化的统一，这是由人的自然和社会双重属性所决定的。人类通过生产实践不断地认识世界形成人类社会而脱离了动物群体，这是人的社会属性的发展。在这个变化过程中，人对自身生命的操控能力不断增强，但人依旧要受自然的生命规律所操控。人的自然化指的是：人要正确地认识自身的自然属性，自身本质要同自然和整个生态系统的本质相一致，不能违背整个生态系统的存在规律。人的自然化是生态美学在传统美学基础上的创新和发展，是审美活动进化的表现，它拉近了审美对象与审美实质的距离，使人们的审美感受统一于和谐的生态体验之中。

作为人文科学的美学，必须从人的需要出发进行学科建构的分析。美国心理学家马斯洛对于人的需要做了科学的分析，他把人的需要大致分为7个层次：生理需要、安全需要、相属或爱的需要、尊重需要、认知需要、审美需要、自我实现需要。正是由于人有这些需要，现实才在人的生活中与人发生种种关系：实用关系（由于生理需要、安全需要、相属需要、尊重需要）、认知关系（由于认知需要）、审美关系（由于审美需要）、伦理关系（由于自我实现需要或伦理需要）。这些关系就要由不同的学科来研究：自然科学中的医学和生理学以及社会科学中的经济学主要研究人对现实的实用关系，哲学认识论、心理学的认知科学研究人对现实的认知关系，社会科学中的伦理学、政治学则研究人对现实的伦理关系，而人文科学中的文学、文艺学、美学研究人对现实的审美关系。

在这样的基础上，我们以前对美学主要从审美关系方面来进行美学学科的建构，把美学的研究范围主要规定为三大方面或三大维度：审美主体研究、审美客体研究、审美创造研究。因而，美学就相应由美感论、美论、艺术论、技术美学、审美教育论等学科建构，而相对忽视了人对现实的审美关系中的"现实"的构成这个维度。如果我们从人对现实的审美关系的"现实"构成的维度来看，就可以看到，这个"现实"主要包括三个方面：人对自然的审美关系、人对他人（社会）的审美关系、人对自身的审美关系。这样一来，美学学科的建构就可以派生出一些新的美学分支学科：人体美学、服饰美学等；研究人对自身的审美关系，如交际美学、伦理美学等；研究人对社会（他人）的审美关系，如生态美学（专门研究人对自然的审美关系）。

由此我们可以断言，以马克思主义实践唯物主义和实践观点作为基础和出发点的实践美学本来应该是理所当然包括生态美学等美学的分支学科的，但是，由于过去自然生态或自然环境问题没有引起我们的足够注意，所以诸如生态美学等一些美学分支学科就被遮蔽和忽视了。现在，随着全球化和现代化的历史进程，自然生态的问题日益凸现出来，成为直接影响人类生存和发展的重大问题。因此，对自然生态问题的研究就自然而然成为许多人文科学和社会科学以及哲学的重要研究课题。正是在这种世界潮流的推动下，美学界和美学家呼吁建构一门生态美学就是非常及时的，也是对实践美学中不可或缺的一个潜隐的学科的解蔽和彰显。

我们认为，在形而上的层面、最一般规律的层面、哲学层面进行研究的哲学美学就是以艺术为中心研究人对现实的审美关系的人文科学，而生态美学只能是这种哲学美学的一个维度，或者一个分支学科。那么，生态美学的哲学基础就应该与它所隶属的哲学美学及其哲学相一致。而这种哲学美学及其哲学应该具有形而上的、最一般规律的、全面的性质，具体来说就是应该包含它的本体论、认识论、方法论、价值论的全部，尤其是应该有其本体论的哲学基础。

实际上，在人对自然的审美关系中，"主体间性"概念并不具有本体论意义，因为在存在的本源和方式上，人对自然可以是主体，而自然对人却不可能成为现实存在的主体，只可能在人的审美想象、审美移情、审美意象等审美心理现象之中成为"主体"。所以，"主体间性"在人与自然之间不可能成为现实的存在本源和方式，而仅仅是一种意识的现象。那么，"主体间性"就不可能成为生态美学的本体论哲学基础，换句话说，我们不能把生态美学的哲学基础放置在非现实的存在及其本源和方式上，那样的话，建立在"主体间性"的"哲学基础"之上的生态美学就不可能真正现实地解决当前人类所面临的生态环境的一系列问题，这样的生态美学就只能是一种"玄学"，人与自然的平等、对话、交流都只能是一种"意向"，一种"愿望"，一种"设想"，根本不可能付诸现实。

从认识论来看，"主体间性"对于生态美学也是不合适的。人的一切意识（认识）都是对一定对象的意识。然而，在人与自然之间，在人对自然的审美关系之中，人永远是意识的主体，自然永远是意识的客体，无论在什么情况下，自然都不可能成为意识的主体。就是在艺术作品之中自然物成了意识的主体，可以有认识、情感、意志，那也是拟人化的结果，也是想象的产物，并不是现实的意识主体，所以，认识论中就必然有主体和客体之分，这也是为什么 16～19 世纪哲学完成了"认识论转向"以后就流行"主客二分的思维方式"的根本原因。

从价值论来看，"主体间性"更是不合适的。马克思说，价值是"表示物对人有用或使人愉快等等的属性""实际上是表示物为人而存在"。马克思又说："随着同一商品和这种或那种不同的商品发生价值关系，也就产生它的种种不同的简单价值表现。"例如在荷马的著作中，一物的价值是通过一系列各种不同的物来表现的，因此可以说，马克思主义哲学认为"价值的一般本质在于：它是现实的人同满足其某种需要的客体的属性之间的一种关系。"根据以上所述，我们可以说，马克思主义的价值论是一种实践价值论。首先，实践价值论认为，任何事物价值的根源都是社会实践。正是在人类的社会实践之中，由于人的需要使人与现实事物发生了各种关系，才生成了事物的某种价值，这就是价值的实践生成性。其次，实践价值论认为，价值的本质是一种关系属性，而不是一种实体属性。正是在人类的社会实践之中，对象事物的某些性质和状态满足了人的某种需要就使对象事物与人发生了某种肯定性的关系，从而具有了肯定性的价值。

（二）中国传统哲学中的生态美学思想概述

在我国博大精深的传统哲学思想中，万物之理皆在"天、地、人"三者之中，"原天地之美，而达万物之理"是中国传统哲学中生态美学思想的核心内容。中国古代智者认为只有"有无相生，主客相容，虚实相交"，才能在人生体验的动人境界中体现美的本质的"道"。"善待万物，尊重万物"的自然本性是传统哲学中审美活动的基本行为规范，要求人以审美的高度来关照整个生态系统，在丰富多彩的生产劳动中探索人类的丰富性。我国传统哲学主张在阴阳交变、四时更替等自然常情中悟道，主张在鱼游于水、鸟栖于树这样的自然本性中获境；于人于物没有一丝一毫的强行划定，任其以单纯的心境来感受，美的境界全在万物运行的常情中自然敞显。这样一种观念，从深层上揭示了宇宙、人类存在的真谛。

（三）生态美学的设计哲学

我国传统造物文化中的生态美学思想展现出多样化的表现形式。传统的艺术作品和器物从审美实质上体现了古人对人、自然和世界的认识和体会。相对于现代的产品设计理念来说，传统的造物哲学思想是相当严谨的。与其说传统的艺术形式是对世界的认识和创造，不如说是对创作者的人生观、世界观、认识观和审美观的阐述。从距今 5000～7000 年历史的仰韶文化对自然界的崇拜，将对自然的表述和人类的创造力结合于彩陶的造型和纹样之中，到近代工艺美术对人类的生活和自然形态的精确和传神的描述以及高超的表现技术手段，都体现出我国民族性和历史性的审美观念和情趣，那就是对生命的思考和对自然的关照。

"美学"不仅仅指"美"的表现形式和"审美"行为，还包括人类对有形或无形、抽象或具象、意识或形态的感知。它所体现的是一种人和外界环境所体现出的调和状态，是一种审美行为的规律和原则。中国传统美学是传统哲学在审美和创造美中的体现，文学、艺术、设计、制造、自然科学等是美学的表现形式，其中的精髓仍然是传统哲学中所体现的朴素的人生观、世界观和认识观。"技术美学"虽说是一个在现代产生的美学概念，它主要指物质生产和器物文化在美学问题上的应用研究，但是，在传统艺术和造物文化中也广泛体现了技术美学作为应用美学的整体范畴的发展和逐渐形成的民族文化特色。传统的技术美学主要体现在人们在各种创作行为所表现出的审美原则和尺度，统一于传统哲学和美学思想观念之中。经过认识规律的总结和沉淀形成具有民族性的审美观念，再经过人类创造性活动将人类的情感和审美态度加入特定历史阶段的认识形态之中，则形成了丰富多彩的传统造物文化。

"设计"是文化艺术和科学技术的结合物，要求源于自然、融入自然，以追求人与自然的和睦共处，从而达到自然界生态平衡和艺术需求的心理平衡。中国造物文化最典型的特征便是对艺术作品人文意义的关注，即其社会属性的发掘，而这种人文主义的精髓也在现代艺术设计文化中慢慢渗透发展并形成一个体系。这个体系蕴藏了中国文化的传统精髓。

（四）生态美学在室内设计中的应用原则

1. 简洁原则

生态美学要求室内设计应遵循设计形式简洁的原则，避免过多的装饰和各类材料的堆砌。无论是界面、家具形体等都需要在满足使用者需求的情况下，保持简洁化，以减少过多材料的使用，尽可能避免材料带来的污染以及烦琐装饰造成的视觉污染。

2. 绿色环保原则

室内设计应用生态美学时，应严格遵循绿色环保的原则，选择绿色环保的材料。在采购材料时，应选择符合国家绿色环保要求的材料，不应为节省成本而选择超出环保指数的材料。同时，在施工过程中，应尽可能地避免粉尘、噪音等污染。通过对各方面的控制，达到绿色环保的目的。

3. 可持续原则

室内设计也应遵循可持续原则，尽可能地使用可再生资源。目前，世界资源消耗量巨大，很多不可再生资源都濒临枯竭。在生态美学的指导下，现代室内设计也应避免使用不可再生资源，并对可再生资源进行循环利用，以充分保证室内设计的生态环保。

4. 贴近自然原则

生态美学要求现代室内设计能够与自然充分接触，实现生态室内环境的创建。因此，现代化室内设计应保证室内有充足的阳光和大量的空气流通，这一要求可以通过大面积窗户的设计来实现。同时，为了更加贴近自然，室内应适当添加绿色植物，营造室内生态微环境，改善人们的生存空间，满足人们对自然的渴望。

第二节　绿色生态与室内设计理论及方法

一、绿色生态对室内设计的影响因素

（一）绿色生态室内设计中的人文因素

绿色生态室内设计不仅受到周围自然生态的环境因素影响，而且当地的人文特色、乡土人情也是生态室内设计要考虑的重要因素。其中，人文因素包含了当地的经济发展程度、人民受教育程度、民风等内容。不同的地域会有不同的城市风格，而这些城市风格背后所隐藏的文化意蕴已经融入每个人的生活之中，经过沉淀形成了富有当地特色的室内文化。例如，北京的香山饭店是由国际著名美籍华裔建筑设计师贝聿铭先生主持设计的一座融中国古典建筑艺术、园林艺术、环境艺术为一体的四星级酒店。设计师试图在一个现代化的建筑物和室内装饰上，体现出中国民族建筑艺术的精华。

贝聿铭先生在平面布局上，沿用了中轴线这一具有永续生命力的传统。院落式的建筑布局形成了设计中的精髓：入口前庭很少绿化，是按广场处理的，这在我国传统园林建筑中是没有的，但着眼于未来旅游功能上的要求；后花园是香山饭店的主要庭院，三面被建筑所包围，朝南的一面敞开，远山近水，叠石小径，高树铺草，布置得非常得体，既有江南园林精巧的特点，又有北方园林开阔的空间；中间设有"常春四合院"，院里有一片水池，一座假山和几株青竹，使前庭后院有了连续性。

整个香山饭店的装修，从室外到室内，基本上只用三种颜色，白色是主调，灰色是仅次于白色的中间色调，黄褐色用作小面积点缀，这三种颜色组织在一起，无论室内室外，都十分统一，和谐高雅。来到香山饭店的人们，看到每一个细小的部件都不会忘记身处在香山饭店，这一点看起来似乎简单，但最难做到。

作品中，贝聿铭大胆地重复使用两种最简单的几何图形——正方形和圆形。大门、窗、空窗、漏窗、窗两侧和漏窗的花格、墙面上的砖饰、壁灯、宫灯都是正方形，连道路脚灯的楼梯栏杆灯都是正立方体；圆则用在月洞门。灯具、茶几、宴会厅前廊墙面装饰，南北立面上的漏窗也是由四个圆相交构成的，连房间门上的分区号也用一个圆套起来。这种处理手法显然是经过深思熟虑的，深藏着设计师的某种意图：重复之上的韵律和丰富。

（二）绿色生态室内设计中的美学元素

人们对室内设计的追求不再停留在居住舒适的程度，还包含了个人审美的诉求、精神追求的表达。随着绿色生态文化的不断渗透，工业文明中的人类不再单一地追求奢华、气派等浮夸的设计风格，正在逐渐恢复对自然的崇敬、对自然的向往、渴望与自然融合的心理观念。

绿色生态室内环境设计讲究的是人与自然的和谐共处，从审美角度来讲，体现了人与自然的完美结合。如何在设计风格中体现人与自然为一体的设计理念，需要当今的新型科学技术、新型材料、新型能源、新型制造工艺以及自然的设计风格配合完成。

人们对绿色生态室内设计的要求是人们对文化诉求、审美意境的表达。绿色生态室内设计的自然与人融合的审美体现在设计的各个细节上，如采光方面多选择光线充足、光影变换较为丰富的设计效果，这样设计不仅使设计的空间得到了拓宽，还使室内的设计与外部的自然环境可以有机地结合在一起；色彩运用方面也多采用自然色调，装饰选择上多采用植物、生态景观、动态流水效果、巨石假山、花鸟鱼等自然材料，使人的五感（视、听、嗅、触、味）方面都可以感受到设计中蕴含的自然理念，营造清新的自然感受，让人仿佛置身于大自然中。

（三）绿色生态室内设计中的生态特性

绿色生态室内设计中的生态特性是其区别于传统室内设计的重要体现，而生态特性的本质就是可持续发展。因此，绿色生态室内设计就要从节约资源、节约能源、简约实用、科学等方面着手，避免当代室内设计的弊端，减少建筑装饰材料的使用，合理利用装饰成本，节约稀有的不可再生的自然资源。

节约资源、节约能源是维持绿色生态室内设计可持续发展的最直接的手段，尤其是在不可再生的珍贵资源的利用方面。首先，在空间的利用方面，设计要尽量做到合理安排，杜绝奢侈豪华的设计风格，多采用多层复合结构的空间设计，在有限的空间内提供给人们多种使用需求的构造。其次，通过科学、优化的设计，减少室内设计中装饰的过多、冗余、繁复的现象，在满足室内设计的基本要求下，最大限度地减少材料的使用，降低装修成本。在设计过程中，充分考虑材料的可重复利用的特性、家具的使用期限，选材也多选用环保、绿色、安全、健康的绿色材料，例如石材、木材、丝绵、藤类等天然装饰材料。这些材料相比化学合成的装饰材料，具有无毒、环保、利于室内环境调节的优点。最后，在采光、通风、噪音处理、能源使用方面，多使用自然资源。例如，利用自然采光营造空间拓宽的效果，通风考虑周围环境因素，利用太阳能设计洗浴、水加热等。

二、绿色生态理念下室内设计的基本措施

绿色生态室内设计的基本技术措施可以从材料的使用、设计技术、绿色新科技等方面考虑。

（一）绿色装修材料

生态室内设计应该采用绿色环保的装修材料。近几年，绿色环保的装饰材料在市场上逐渐走俏，这些材料在生产和使用过程中都不会对人体造成伤害。这些材料作为装修的废弃物也不会对环境造成太大的污染，如无毒涂料、再生壁纸等等，这些材料都具有无毒性、无挥发气体的释放、无刺激性、低放射性等特点。

（二）绿色生态型室内设计方法

通过巧妙科学的绿色生态型室内设计方法，可以从视觉上拓展空间，增加空间的分层设计，

合理高效地利用空间资源，多采用自然采光、自然通风效应来提高室内设计的舒适感，将绿色生态室内设计的效果融入周围的环境中。

（三）绿色高科技

绿色生态室内设计还应该多采用绿色科技。例如，利用植物的废气吸收特性来清洁空气中的甲醛和多余的二氧化碳等气体，营造一个良好的室内空气循环系统，同时植物还可以起到装饰的作用。由此可以延申至室内绿化设施、庭院的设计引入室内等手段。还有类似无土栽培等绿色高科技，都为绿色生态室内设计提供了有效可参考的技术措施。

（四）节能技术

能源问题是生态室内设计的一个重点，降低了能源的使用，可以很直接地减少人类活动对自然环境的破坏。例如，吸热玻璃、热反射玻璃、调光玻璃、保温墙体等新科技产品都可以在节能方面为绿色生态室内设计带来可行性，将这些技术产品有机地组合在一起，可以实现温度和采光两个方面的良好设计，还能大大地降低能源的消耗。

（五）清洁能源

清洁能源也是绿色生态室内设计未来发展的一个方向。随着清洁能源的快速发展，传统的能源模式正在逐渐改变，传统的石油、煤炭能源会带来巨大的污染效应，而清洁能源不仅在供给方面可以保证室内环境能源的需求，在环保方面的效果也非常明显。目前，优秀的清洁能源有太阳能、天然气、风能等，其中太阳能和风能技术日趋成熟。

三、绿色生态理念下室内设计的指导思想与外部实施条件

（一）绿色生态理念下室内设计的指导思想

随着社会进步和人民生活水平的提高，建筑室内外环境设计在人们的生活中越来越重要。在人类文明发展至今天的现代社会中，人类已不再是简单地满足于物质功能的需要，更多的是寻求精神上的满足，所以在室内外环境设计中，我们必须一切围绕着人们更高的需求进行设计，包括物质需求和精神需求。具体的室内设计要素主要包括对建造所用材料的控制、对室内有害物质的控制、对室内热环境的控制、对建筑室内隔声的设计、对室内采光与照明设计等。

1. 对建造所用材料的控制

建筑物采用传统建筑材料建造，不仅耗费大量的自然资源，而且产生很多环境问题。例如，大量产生的建筑废料，装修材料引起的室内空气污染，会导致一系列的建筑物综合征等。随着人们环保意识的提高，人们越来越重视建筑材料引起的建筑室内外空气污染的问题。工程实践充分证明，绿色建筑在材料的使用上要考虑两个要素：一是将自然资源的消耗降到最低；二是为建筑用户创造一个健康、舒适和无害的空间。

通过在材料的选择过程中进行寿命周期分析和比较常规的标准（如费用、美观、性能、可获得性、规范和厂家的保证等），尽量减少自然资源的消耗。绿色建筑提倡使用可再生和可循

环的天然材料,同时尽量减少含甲醛、苯、重金属等有害物质的材料的使用;和人造材料相比,天然材料含有较少的有毒物质,并且更加节能。同时,还应该大力发展高强高性能材料;进行垃圾分类收集、分类处理;有机物的生物处理;尽可能地减少建筑废弃物的排放和空气污染物的产生,只有当大量使用无污染、节能的环保材料时,我们建造的建筑才具有可持续性。

2. 对室内有害物质的控制

现代人平均有 60% ~ 80% 的时间生活和工作在室内。室内空气质量的好坏直接影响着人们的生活质量和身体健康,与室内空气污染有直接关系的疾病,已经成为社会普遍关注的热点,也成为绿色建筑设计的重点。认识和分析常见的室内污染物,采取有效措施对有害物质进行控制,将其危害防患于未然,这对提高人类生活质量有着重要的意义。

室内环境质量受到多方面的影响,其污染物质的种类很多,大致可以分为三大类:第一类为物理性污染,包括噪声、光辐射、电磁辐射、放射性污染等,主要来源于室外及室内的电器设备;第二类为化学性污染,包括建筑装饰装修材料及家具制品中释放的具有挥发性的化合物,数量多达几十种,其中以甲醛、苯、氨、氡等室内有害气体的危害尤为严重;第三类为生物性污染,主要有螨虫、白蚁及其他细菌等,主要来自地毯、毛毯、木制品及结构主体等。

绿色建筑在设计中对污染源要进行控制,尽量使用国家认证的环保型材料,提倡合理使用自然通风,这样不仅可以节省更多的能源,更有利于室内空气品质的提高。要求在建筑物建成后通过环保验收,有条件的建筑可设置污染监控系统,确保建筑物内空气质量达到人体所需要的健康标准。

室内污染监控系统应能够将采集到的有关信息传输至计算机或监控平台上,实现对公共场所空气质量数据的采集、存储、实时报警和历史数据的分析、统计、处理以及调节控制等功能,保障室内空气质量良好。对室内空气的控制可采用室内空气检测仪。

3. 对室内热环境的控制

室内热环境又称室内气候,由室内空气温度、空气湿度、气流和热辐射四种参数综合形成,以人体舒适感进行评价的一种室内环境。影响室内热环境的因素主要包括室内空气温度、空气湿度、气流速度以及人体与周围环境之间的辐射换热。根据室内热环境的性质,房屋的种类大体可分为两大类:一类是以满足人体需要为主的,如住宅、教室、办公室等;另一类是满足生产工艺或科学试验要求的,如恒温恒湿车间、冷藏库、试验室、温室等。

适宜的室内热环境是指使人体易于保持热平衡从而感到舒适的室内环境条件。热舒适的室内环境有利于人的身心健康,进而可提高学习、工作效率;而当人处于过冷或过热的环境中,则会因不适应影响人体健康乃至危及生命。在进行绿色建筑设计时,必须注意空气温度、湿度、气流速度以及环境热辐射对建筑室内的影响。对于室内热环境可用专门的仪器进行监控。

4. 对建筑室内隔声的设计

建筑室内隔声是指随着现代城市的发展、噪声源的增加、建筑物的密集、高强度轻质材料的使用，对建筑物进行有效的隔声防护措施。建筑隔声除了要考虑建筑物内人们活动所引起的声音干扰外，还要考虑建筑物外交通运输、工商业活动等噪声传入造成的干扰。

建筑隔声包括空气声隔声和结构声隔声两个方面。所谓空气声是指经空气传播或透过建筑构件传至室内的声音，如人们的谈笑声、收音机声、交通噪声等。所谓结构声是指机电设备、地面或地下车辆以及打桩、楼板上的走动等造成的振动，经地面或建筑构件传至室内而辐射出的声音。在建筑物内，空气声和结构声是可以互相转化的，因为空气声的振动能够迫使构件产生振动成为结构声，而结构声辐射出声音时，也就成为空气声。

室内背景噪声水平是影响室内环境质量的重要因素之一。尽管室内噪声通常与室内空气质量和热舒适度相比，对人体的影响显得不是非常重要，但其危害也是多方面的。例如，可引起耳部不适、降低工作效率、损害心血管、引起神经系统紊乱，严重的甚至影响听力和视力等，必须引起足够的重视。建筑隔声设计的内容主要包括选定合适隔声量、采取合理的布局、采用隔声结构和材料、采取有效的隔振措施。

（1）选定合适隔声量

对特殊建筑物（如音乐厅、录音室、测听室）的构件，可按其内部容许的噪声级和外部噪声级的大小来确定所需构件的隔声量。对普通住宅、办公室、学校等建筑，由于受材料、投资和使用条件等因素的限制，选取围护结构隔声量，就要综合各种因素，确定一个最佳数值。通常可用居住建筑隔声标准所规定的隔声量。

（2）采取合理的布局

在进行隔声设计时，最好不用特殊的隔声构造，而是利用一般的构件和合理布局来满足隔声要求。如在设计住宅时，厨房、厕所的位置要远离邻户的卧室、起居室；对于剧院、音乐厅等则可用休息厅、门厅等形成声锁，来满足隔声的要求。为了减少隔声设计的复杂性和投资额，在建筑物内应该尽可能将噪声源集中起来，使之远离需要安静的房间。

（3）采用隔声结构和材料

某些需要特别安静的房间，如录音棚、广播室、声学实验室等，可采用双层围护结构或其他特殊构造保证室内的安静。在普通建筑物内，若采用轻质构件，则常用双层构造，才能满足隔声要求。对于楼板撞击声，通常采用弹性或阻尼材料做面层或垫层，或在楼板下增设分离式吊顶等，以减少干扰。

（4）采取有效的隔振措施

建筑物内如有电动机等设备，除了利用周围墙板隔声外，还必须在其基础和管道与建筑物的连接处，安设隔振装置。如有通风管道，还要在管道的进风和出风段内加设消声装置。

5. 对室内采光与照明设计

就人的视觉来说，没有光就没有一切。在室内设计中，光不仅是为满足人们视觉功能的需要，而且是一个重要的美学因素。光可以形成空间、改变空间或者破坏空间，它直接影响人对物体大小、形状、质地和色彩的感知。近几年来的研究证明，光还影响细胞的再生长、激素的产生、腺体的分泌以及如体温、身体的活动和食物的消耗等的生理节奏。因此，室内照明是室内设计的重要组成部分，在设计之初就应该加以考虑。

室内采光主要有自然光源和人工光源两种。自然采光最大的缺点就是不稳定和难以达到所要求的室内照度均匀度。在建筑的高窗位置采取反光板、折光棱镜玻璃等措施，不仅可以将更多的自然光线引入室内，而且可以改善室内自然采光形成照度的均匀性和稳定性。

现代人由于经常处在繁忙的生活节奏中，所以真正白天在居室的时间非常少，多数时间是夜里，而且可能由于房型和房间朝向的问题，房间更多的时间都可能得不到自然光照，所以室内设计人工光源是必不可少的。在进行室内照明设计时，主要应注意以下设计要点：（1）室内灯光设计先要考虑为人服务，还要考虑各个空间的亮度。起居室是人们经常活动的空间，所以室内灯光要亮点；卧室是休息的地方，亮度要求不太高；餐厅要综合考虑，一般需要中等的亮度，但桌面上的亮度应适当提高；厨房要有足够的亮度，而且宜设置局部照明；卫生间要求一般，如果有特殊要求，应配置局部照明；书房则以功能性为主要考虑，为了减轻长时间阅读所造成的眼睛疲劳，应考虑色温较接近早晨太阳光和不闪的照明。（2）设计灯光还要考虑不同房间的照明形式，是采用整体照明（普照式）还是采用局部照明（集中式），或者是采用混合照明（辅助照明）。（3）设计灯光要根据室内家具、陈设、摆设、墙面来设置。整体与局部照明结合使用，同时考虑功能和效果。（4）设计灯光要结合家具的色彩和明度：①各个房间的灯光设计既要统一，又要各自营造出不同的气氛；②结合家具设计灯光，可加强空间感和立体感，从而突出家具的造型。（5）设计灯光也要根据采用的装潢材料及材料表面的肌理，考虑好照明角度，尽可能突出中心，同时注意避免对人造成眩光与阴影。

为推进全国城市绿色照明工作，提高城市照明节能管理水平，住房和城乡建设部颁布了新的国家标准《建筑照明设计标准》（GB 50034-2013），并于2014年6月1日开始实施。《建筑照明设计标准》（GB 50034-2013）的制定使城乡建筑的照明情况得到很大的改观，也为城乡建筑照明未来的发展指明了方向。

（二）绿色生态理念下室内设计的外部实施条件

绿色生态室内住宅设计的全面发展，不能仅仅依靠业界的设计师和科技相关部门的努力，在我国的地理、政治环境下，生态室内设计的发展还需要政府的大力支持：快速制定一些业内的标准，例如绿色环保材料的生产标准、绿色生态室内设计的标准等；设立相关的监管部门，同时配套颁布相应的法律法规，顺应国内能源市场的发展，等等。这样才能达到室内设计向生态化转型，同时刺激国家经济发展，促进国家的可持续发展的双赢目标。

民众作为生态室内设计的消费主体，过度消费会给环境带来巨大的压力，政府要帮助其树立正确的生态价值观念，要向民众宣扬生态消费的模式，提倡环保可持续发展的思想，提倡不与其他人在物质方面攀比，杜绝无所顾忌的消费心理，提高每个人的环保意识。人类的各项活动不仅要利用自然资源创造价值，还要尊重自然、保护自然，因为自然是人类赖以生存的家园。政府要使绿色生态室内设计成为民众的主流要求，因为它可以全方位地体现绿色环保的思想，高度体现了室内设计的新发展要求，即室内设计的可持续发展特性，促使人们共同营造一个良好的、健康的生存环境。

四、绿色生态与室内设计方法

（一）通过节水实现环保理想

家庭节水的方法主要有两种：一是控制用水量，二是实施节水策略。如，卫浴或家电设备改成省水模式，卫浴设备有省水型马桶和淋浴喷头，家用电器有省水型洗衣机、洗碗机等。以马桶为例，传统型分离式马桶在每次冲水时主要是利用大量的水产生水压将污物冲走。后来，出现了利用水流在马桶形成漩涡的洗净方式，发展出新一代的冲水式马桶，这种马桶的水箱容量比传统马桶大幅度减小，但具有与传统马桶相同的洗净能力。如今，出现了冲水阀门式马桶，直接连接水管。这种马桶没有水箱，主要利用供水总管的压力冲走污垢，每次用水量更小。在淋浴用的喷头上可以装上设定出水量的装置，只要出水量达到设定值就会自动停止出水。像这种节能又便利的产品，如今不断推陈出新，并且在产品上贴上了省水标签，方便消费者识别。如果每个人都能努力节水，就能有效保护水资源不被浪费。

（二）广泛采用 LED 光源达到有效节能

LED 灯与普通灯泡相比，使用寿命大幅度增加，发光效率大幅度提升。在选择灯泡时，不少消费者会根据能源消耗效率来判断，即使用最小的耗电量产生理想的光源，因此，发光效率成为目前市场侧重的方面，LED 灯也因此成为消费者的首选。LED 灯非常适合作为指示灯之类的实用小灯具，在做橱柜灯、角灯等照明器具上广泛使用，在线灯、字幕机等背光照明面板，LED 也能与之有效结合，成为重要的照明光源之一。家中所使用的 LED 灯，发光部分与白炽灯不同，主要由前端的白色半球部分发出光亮，靠近灯座的部分则不亮，所以，若使用 LED 灯作为光源嵌入天花板或作为聚光灯使用，就能发挥高效率的作用。此外，LED 灯另一大特点就是使用寿命长，适用于修缮，维护不易的地方。

（三）调整开窗位置提升通风效果

决定窗户的位置或大小不能只考虑采光，通风效果的优劣也很重要。如果能从窗户获得自然通风的效果，不但可以将囤积在室内的热气排出，还能从户外引进新鲜、凉爽的空气，提升自然换气的效果。为了获得良好的通风效果，建议在一间房间内最好设置两扇以上的窗户。因为风必须有入口和出口，如果只设置一扇窗户，出入的风量就会受到影响。如果因为面积等问题没有办法在同一房间内设置两扇窗户，也可以考虑将门设计成开放式构造，使风在复数以上的房间之间流通。下风处的窗户应设置在位置较高的地方，因为室内的热空气会向上升，在没有风的时候也能获得自然换气的效果。如果只考虑通风效果，窗户自然是越大越好，但窗户的面积越大，隔热效果也会越差，热损失随之增加。所以，在设计窗户时应仔细考量，即使是面积大小相同的窗户，平开窗更容易把风引进室内，其自然通风效果比双扇滑动窗的效果更佳。通风设计要全盘考虑，周密规划，虽然容易受到建筑物所在地的气候条件和周围环境影响，不过可以参考气象局提供的各地区风向资讯，先了解当地盛行风的风向后再进行设计，并且要到实际现场考察。

（四）善用隔断调节环境空间

以现代住宅的墙壁为例，无论何种构造，都具有相当多的功能，如防火、防烟、隔音、吸音、隔热、防水等。以上所列的各项功能多用来隔离房子与外界，但也可以把设计重点放在加强连接环境的互动上。以日本住宅为例，住宅的四周设置为收纳、设备等空间，汇集了各种功能。厚重的墙壁把房屋围起来，在具备机能性的同时，适当地设置了开口处，以便采光和观赏窗外的风景。这些空间环绕在房屋四周，使屋内的主要空间变得宽敞，而且能够降低热负荷，成为环保住宅。

（五）加强装饰材料的再生利用

以往的装饰材料大多由木材、竹子等天然材料所制，容易回归自然，这个过程可以串联成一个循环的再生系统。最近出现了很多复合型材料，如利用胶水和木质面板贴合在一起的复合板材，用纸包覆石膏制成的石膏板、纤维附着于作为基材的橡胶布上制成的方块地毯等。大部分使用黏结剂将合成树脂或乙烯基制品贴合在一起的产品，要进行分离或分解处理的话，从成本和工时方面看不符合效益，因此，为了让装饰材料可以再生利用，思考如何设计出容易分离处理的构造是很有必要的。混凝土是将砾石、砂、骨料混合在水泥中，然后再使用混合剂混制而成。虽然也可将混凝土粉碎作为再生骨材，制成辅助材料再生利用，但因为成本问题，再生率较低。另外，混凝土浇灌在钢筋结构中制成墙壁或地板，要将这两种材料分开并不容易。近年来，许多使用混凝土的建筑物建筑寿命即将到期，届时必定会产生大量废材，这是相当令人担心的问题。虽然钢、铝、铜等金属可以回收再利用，但是从建筑部位分离的作业相当不易，许多直接报废，不再回收。而经常当作住宅隔热材料使用的聚苯乙烯等发泡材和玻璃棉，同样在拆除建筑物时很难将其分离开来，所以也往往没有回收再利用。

第三节　绿色生态理念在室内设计中的应用

一、绿色生态理念在室内设计中的运用

（一）绿色设计理念对室内空间规划的把握

室内空间是指建筑下的空间概念，是室内建筑空间的一部分。室内空间是由面围合而成的，这些面分别是地面、墙面、顶面，界面之间不同的组合关系构成了不同的空间形态。"生态设计理念"主要强调设计的环保性、可持续性、功能性、人性化和对风格、品质、文化内涵的追求。生态设计理念下的室内设计会让人们的室内空间有良好的通风，最大限度自然采光，赏心悦目的室内环境，在尽量不改变原始框架的结构下保证空气的流通性和充足的阳光。城市住房越来越拥挤，人们希望室内空间有开阔的视野，足不出户就能感受到与大自然的融合。

（二）生态设计理念在室内界面中的运用

在室内空间中，室内界面是由地面、墙面、顶面组合而成。在进行室内装饰时，我们会对界面进行处理。在墙面和顶面的处理上，大多数选择涂料粉刷，有些涂料由于造价低廉，质量不达标，里面含有有毒的化学成分，人们长期接触对身体有极大的伤害，给我们的健康带来安全隐患，同时也会对室内外空气造成污染。在墙面和地面的装饰上，我们会根据不同的风格形态需要选择不同的装饰材料，但是现在很多装饰材料含有有害物质，如放射性物质、甲醛超标等，诱发人体疾病，对环境和人都造成不同程度的影响。其中，大量使用不可再生资源，对资源造成极大的浪费。在绿色设计理念下，我们会选择环保型的材料，尽量选用再生周期短的资源，减少资源能源的消耗，走可持续发展道路，实现人与自然和谐共处。

二、绿色生态理念下的室内物理环境分析

建筑的室内环境可以分为物理环境和心理环境两部分。物理环境是指室内环境中通过人的感觉器官对人的生理发生作用和影响的物理因素。一般室内设计都是考虑室内空间的构成形态、功能分区、人流分析等等，这些是非常重要的。这里所说的物理环境是指室内采光、室内通风、室内空气环境、室内热舒适度等因素对人生理的影响。在过去的室内设计中，这些因素很容易被人们忽略，使室内设计只是形式上对空间形态的设计，而忽略了高质量的室内环境品质。室内生态设计应该全面考虑人们的需求，以人为本，在设计的同时考虑节约资源、能源，保护生态环境。将这些物理环境因素纳入室内设计中，能让室内设计更加人性化，更加注重与环境的关系，并促进人的身心健康和提升工作效率。

（一）室内热环境

室内热环境是人们舒适生活的保障，是居住环境中一个重要的影响因素。房间内的热环境会直接影响人们的工作和生活。室内的热环境是指影响人体冷热感觉的环境因素，主要是由室内空气温度、湿度、流速以及室内各界面的表面温度等决定的。良好的热环境能够保证人在室内的工作、生活，人身体各方面机能都得到最好的发挥，维持人的生理和心理健康；反之，不舒适的室内热环境会影响人们的工作效率，对人们的身体健康也会有一定的影响。

室内温度是以人的皮肤感觉为依据，合适的室内温度人们才能感觉到舒适，过高和过低都会影响人们的生产活动。影响室内温度的因素主要是建筑形成的实际温度、建筑下的室内空间通风的设计、房屋的结构形成的室内温度，太阳的照射也会影响室内的热感，所以房屋的朝向、窗户位置要合理安排。室内的湿度也会对人体产生直接感受，室内湿度较低时会使室内空气干燥并产生静电；而室内湿度太高时，人在室内会有烦闷感，也容易滋生霉菌和螨虫，不利于人们的身体健康。由于现在的建筑室内密闭性较好，室内空间的浴室、厨房等湿气大，建筑材料只能一定程度地控制湿气，主要还是要有良好的室内通风设计，保障室内的湿度适宜。室内空气流速是指空气的流动速度，影响着室内的空气对流、空气循环和散热。室内各界面的表面温度影响了人体温度的冷热感，比如室内各界面的表面温度高，人体的热感会增加，室内各界面的表面温度低，人体会产生冷感。室内热环境被这些因素影响，因素之间也相互影响。在生态设计理念下，维持良好的室内热环境并达到节能环保，我们可以从以下几个方面入手。

第一，在建筑规划时就应该有良好的设计，为良好的室内环境打下基础，建筑设计初期应考虑建筑的布局、朝向方位、建筑之间的间距、建筑的门窗设置等，这些都与室内的通风、采光有很大关系。

第二，合理地安排房间位置。由于一些条件的限制，不能让所有的房间都拥有理想的阳光和通风，所以不同的房间热环境也不一样。在设计时要根据房间不同的使用性能、使用频率、重要性等合理地安排房间的位置，比如客厅是使用最频繁的地方，应该有充足的光线和通风；还有老人和小孩的房间，他们是需要特别关注的群体，也要有好的房间位置。

第三，合理地利用阳光和通风。冬天应尽可能多地让阳光照入室内，提升室内温度，夏天应减少阳光的直射。合理地安排门窗，增加室内空气对流，达到良好的自然通风。

第四，提高建筑室内界面的保温隔热性能，合理地利用保温隔热材料。建筑界面的保温隔热性能直接影响了室内热环境，例如在寒冷的冬天，建筑界面保温隔热性能好才能保证室内热量不易流失，冷气不易侵入。所以，界面好的保温隔热性能让人们在室内更加舒适，还能减少供暖、空调的投入使用，从而减少资源、能源的消耗。随着现在科技的发展，合理地运用保温隔热材料确实对室内热环境有一定的效果，但在生态设计理念下，材料的大量运用会造成很多废弃物，不合格的材料还会产生有害气体，影响人的身体健康，所以在选择保温隔热材料时应尽量选择绿色环保材料。

第五，结合室内水体和植物。在室内布置水体和植物能调节室内的温度和湿度，特别是在夏天，室内的水体能吸收室内的热量，保持室内的湿度；植物也能调节室内的微气候，还能增添室内的绿意。很多酒店或者公共空间室内会使用水体和植物，但是在寒冷的冬季，室内应该谨慎使用水体。

总之，室内热环境的好坏与室内环境有着密切的关系，再好的设计若没有良好的室内热环境都是不符合生态设计的，同时室内热环境的创造要考虑到节能环保的要求，才能实现真正的生态设计。

（二）室内空气环境

相对而言，室内的空气比室外的空气跟人体的接触更为密切，而现在人们大部分时间是在室内度过的，拥有健康的室内空气质量就显得尤为重要。现在楼房林立，建筑房屋飞速发展。为了保证室内的私密性、隔音、隔热、御寒等，室内的密闭性加强，门窗也更加封闭，而室内的空气流通就成了一个很大的问题。现在人们对室内装饰品质的要求越来越高，而室内不合格的装饰材料会释放对人体有害的化学气体，以及平时的不良生活习惯（如抽烟等），导致室内的空气品质不佳；加上室内空气流通性差，有害气体不能及时扩散出去，人们长期生活在这样的空气环境里导致人们的身体素质变差，引发了很多疾病。室内空间本该是人们日常生活、工作、娱乐的地方，但是空气质量问题却成了一个安全隐患，危害人们的健康，因此，我们要提高空气质量，让室内更加舒适、安全，提高人们的工作效率和保障身心健康。

在生态设计理念下，要解决以上问题，改善空气的质量，我们需要做出以下处理。

第一，选择材料时尽量选用绿色环保材料，减少有毒气体排放。现在很多材料是不环保的，我们在新家装修完后，要开窗通风，放置一段时间才能居住，不然会严重影响人们的身体健康。

第二，可以选用未加工处理的原生态材料。这些材料安全无污染，节省人力物力，节约资源，减少废物的产生，还能循环利用。原生态材料保存着其原有的肌理和色彩，透露着自然的气息，越来越受到人们的青睐。

第三，在室内安装空气交换机，促进空气循环。

第四，房屋设计初期应充分考虑空气流通走向，合理加大通风采光口，减少不必要的隔断，有些功能区域相连更方便使用，隔断的减少能让室内空气畅通无阻，视野更加开阔，减少空间的浪费。

第五，合理利用绿化吸收空气中的有害物质。

空气质量得到改善，人们才能安心在室内空间中学习、工作、生活、娱乐，创造健康的室内环境的同时也保护了地球的大气环境，有利于可持续发展。

（三）室内声音环境

噪音已成为当今威胁人类健康的"三大公害"之一，生态室内设计还要考虑隔声和吸声处理，针对不同的使用场景做出不同的设计处理。例如，家庭居室、娱乐场所，主要是隔声处理；而工厂的室内设计还要考虑吸声处理。

据数据显示，当人长时间生活在噪音过高的环境中，不仅会对人的听觉不利，还会影响人的身心健康。若这种情况保持很长时间，就会导致永久性的听力损伤，严重者会完全丧失听力。因此，生态室内设计必须采取降噪隔声的措施。

一般生态室内设计针对声音环境会从以下几个方面考虑。

第一，设计位置的选择。尽量选择周边环境安静、符合国家标准的地段。在大型室内设计时，还会将室内的相对安静和相对嘈杂的空间分开，另外有资料显示，面对面布置的两间房间，只有当开启的窗户间距为 9～12m 时，才能使一间的谈话声不致传到另一间。而同一墙面的相邻两户，当窗间距达 2m 左右时，才可避免在开窗情况下谈话声互传。

第二，选择合适的可以处理噪声的材料，降低噪音的传播。门窗是容易被忽略的位置，可以选择密封性较好、多层的门窗，既可以降低噪声影响，又可以起到隔热保温的设计效果。

第三，绿化也可以起到一定的降噪作用。

（四）室内光环境

室内光环境是人们生活必不可少的元素，是人们健康舒适生活的必要保障，是一切生命生存的依赖。自然界中任何生物都不能缺少光的照耀，植物要通过阳光进行光合作用，人没有光将寸步难行。人们从外界获得信息，大部分来自视觉，而视觉过程的实现主要是通过光。在室内空间中，光环境主要由光照度的大小、亮度的分布、光线的方向等构成，室内的光环境质量不仅决定了视觉环境、视物的清晰度，室内安全性、舒适性和方便性，还能影响室内的美观效果。光环境给人们的感受，不仅是一个生理过程，还是一个心理过程，影响着人们的生理和心理健康。

室内的采光主要有两个来源：一个是自然光，一个是人工照明。生态设计理念下室内的光环境主要注重节能、环保、健康。自然光是由太阳产生的，它最大的特点是光照温度适宜，亮度柔和，早中晚的光线各不相同，人们早已适应了光线的变化，日出而作，日落而息。现在人工照明方便普遍，是人类史上一项伟大的发明，它为人们的生活提供方便，延长了人们生活和工作的时间，让人类活动不再有局限性。它营造的空间氛围、照明的效果和给人的心理生理感受是完全不一样的。自然光是有温度的光线，会随着时间的变化而改变，自然光作为万物生存的根本，它更适合人的生理和心理需求。生态设计理念要考虑如何合理地运用自然光，让室内空间达到最好的采光效果，这不仅能降低能源的消耗，阳光的射入也有利于营造健康温馨的室内环境，有利于能源的循环利用。一年四季，自然光给人的感受是不同的，唯一不变的是我们不能缺少自然光。

所有空间形态的塑造都离不开光，自然光可以突显室内的轮廓，柔和室内物品的色彩，增强材料的肌理效果。光和影是相辅相成的，室内形态的多样性可以创造出丰富多变的光影效果，光影效果会随着时间的变化而改变，形成室内移动的风景线。自然光洒落在室内的物体上，使物体表面散发绚丽的色彩，让室内色彩更加丰富多变。自然光产生的光影效果让室内氛围更加活跃，仿佛有不同的音符在其间跳跃，还能体现室内结构的魅力，不需要过多的装饰就能让室内表现出别致的景色，充分表现了光线的艺术性。但也要注意室内光线的舒适度，不宜太过强烈，否则会影响人们的生产生活，太强烈的光线会引起人们的反感，在设计初期就要解决这个问题。现在楼房密集，有些室内空间仅有少量的阳光射入，给人们的生活、生理和心理健康带来严重的影响，室内常年照不到或照射少量的阳光，人们的心理会产生抑郁的情绪，家用物品也会容易损坏。因此，我们要合理地设计室内空间，使自然光得到最大化的利用，让人们生活在舒适、健康、绿色的室内空间中，减少能源的消耗。如在室内过道，顶面采用玻璃的设计，使自然阳光洒入室内，不仅为室内植物提供了阳光，优化室内轮廓，其所产生的光影效果成了这个空间最大的亮点，多变的光影效果为室内增添了一份乐趣，为人们创造了愉悦、欢快的室内氛围，有利于人们生理和心理健康发展。

人工照明是在光亮程度不够的情况下，为人们提供照明，方便人们的生产生活。在生态设计理念下，人工照明要考虑节能，尽量选用节能灯具；光照的亮度要适中，无眩晕感；灯光的颜色要适宜，不要对视觉产生不舒适的感觉。某些室内，为了达到所谓的灯光效果，竟然封闭了所有的自然采光，完全由人工照明取代，这样虽然达到了某些艺术氛围，但是浪费过多能源。没有光线照射，室内细菌滋生，空气质量不达标，不符合生态设计的要求。自然光无论是光色、光度等都非常丰富，千变万化；而人工照明虽然仿照自然光设计了不同颜色、灯光范围、灯光照度，但是始终是机械化的光源，无法替代自然光给人的心理和生理感受。在进行室内空间设计时，我们应该尽可能地充分运用自然光，除非某些必要的场合，一般情况下室内空间应该尽量避免全人工照明的情况，这才能符合生态设计中节能环保的需求。

三、绿色原生态材料在室内空间的运用

（一）原生态材料的基本概念

材料是制作产品的基本要素，设计中的功能或形态的体现都是由材料来实现的。原生态材料是自然材料的一部分，是来源于自然的。原生态材料是指具备良好的使用性能和环境协调性的材料，其中环境协调性主要是指对环境污染小，资源、能源的消耗低，可再生循环利用率高。原生态材料满足在其加工、使用乃至废弃的整个生命周期都要具备与环境的友好、共存、和谐相处的要求，很符合绿色设计理念，符合现在的发展趋势，越来越多的原生态材料运用到室内设计中。在我们的日常生活中，很多原生态材质是非常常见的，例如大部分的天然石材和木材，且石材和木材品种很丰富。随着人们的审美和品位的变化，一些看似不会用于室内空间装饰的自然物，直接或是经过艺术的加工处理后装饰在室内，保存着原始的自然气息，通过排列组合，表现出意想不到的独特效果，充满艺术的气息。这些材料的使用改变了人们对传统装饰材料的认识。我们身边很多对室内环境无污染的、可以营造室内空间氛围的自然物都可以被用来装饰室内空间，并且会产生独一无二的装饰空间效果。

原生态材料是环境友好型材料，在其使用过程中不会对人类、社会和自然造成影响。在室内设计中，原生态材料不仅能满足人类所需的功能性，更重要的是原生态材料的环保性和可持续发展。这是传统材料无法比拟的，人们在传统材料的开发和生产过程中耗费了大量能源和资源，给环境造成了很大的破坏，危害人类的发展。而原生态材料的安全、节能、可再生、可循

环利用特性很符合人与自然和谐共处的理念，人们开始关注原生态材料，更多地开发利用原生态材料。传统材料由于其劣性会慢慢被淘汰，原生态材料将会是未来材料发展的趋势，是人类社会发展的需要。

（二）原生态材料在界面装饰中的运用

现今，人们的物质条件越来越丰富，在建筑的基本框架下，人们都会对室内空间界面进行不同程度的装饰，室内装饰的体现大部分是由界面装饰来呈现的，所以对界面的设计装饰就成了室内设计中最主要的一部分。室内界面是由地面、墙面、顶面构成，我们在对界面进行装饰时，要考虑到材料本身的属性、特征和对整体空间的协调性。运用原生态材料对室内界面进行装饰时，其本身的纹理、形态、色彩都有其艺术性，表现在空间界面上充分展示了它的细节美。装饰过程中会对体量比较大的材料进行加工处理，常见的处理方式是对原生态材料的形态进行点状、片状、线状的切割，使其适合室内空间的尺寸，再通过一些施工手法将其镶嵌、悬挂到空间界面上，在处理过程中依然保持着原生态材料天然的纹理和色彩。

运用原生态材料进行室内装饰在现代社会中较为常见，原生态材料种类丰富多样，能为室内呈现不一样的风格，给室内带来清新活力，让原本冷冰冰、呆板的室内空间充满自然的氛围。现代都市的人们每天都承受着各种压力，亲近自然会让人们放松。选择原生态材料进行室内装饰能让人们感受到大自然的气息，满足人们的心理需求。不同空间的功能属性不同，对界面的装饰处理要求会不一样，装饰中会对材料进行组合利用，组合的方式不同，会产生不同的空间效果，如重复性组合、顺序性组合、图形性组合等。

顶面是室内空间中的重要组成部分，对其装饰要根据空间的高度来选择合适的材质，还要考虑到材料自身的重量，太过厚重的材料会有重力的影响，还会对空间造成压迫感，所以一般会选择比较轻薄、体量较小的材料。原生态在顶面的装饰，不同的手法会呈现不同的形态，排列的方式应尽量保持整体性，可以是连续性、重复性的排列等，有序整体性的组合方式会让人感觉舒适、平静，不会让人产生繁乱、焦虑的感觉。根据不同原生态材料的形态，对其使用方式也是多种多样，我们可以运用悬挂、粘贴等方式将原生态材料与顶面结合，产生的效果丰富多变，有独特的艺术气息。

室内空间中占比例最大的是四周的墙面，墙面的装饰可以对室内风格产生直观的影响。在原生态材料中，大多数材料都可以对墙面进行装饰，但在装饰时，要注意对材质进行处理，大型的块状材料要进行片状切割，因为墙面是人们能触碰到的，所以不能过于尖锐、锋利，要进行打磨处理，以免对人们造成不必要的伤害。在材料的选择上，要注意材料的纹理和与墙面的协调性，达到视觉上的平衡和稳定，如果搭配比例不协调会使人们反感。

（三）原生态材料对室内空间进行分割

原生态材料形式各异，其自身的纹理和色彩充满了艺术感。在室内空间中，空间的二次划分可以利用原生态材料独有的属性丰富室内空间，满足人们心理方面的需求，创造出质朴、自然的效果，使空间层次更加丰富。利用不同的原生态材料进行空间分割，不同的材质属性和形态特征会产生不同形式的界面分割。我们在原生态材料的选择和运用上要进行充分考虑，对一些体量较大的材料进行加工处理，要尽量保证材料的自然美，不要破坏它的自然纹理等；在选择上要与室内搭配相协调，不能过于突兀。

1. 室内设计中的绝对分割

室内设计中的绝对分割是指比较硬性绝对的分割，由实体界面进行空间分割的形式。绝对分割是对声音的阻隔、视线的阻挡、独立性有相当高要求的分隔，封闭性强，界限明确，有非常强的防打扰能力，保障空间内部的私密性和清静的需求。用原生态材料在室内空间中进行绝对分割越来越受到人们的关注，很多是对材料进行密集排列组合，形成堆砌的效果分割室内空间；或是运用体量较大、硬度较高的材料划分室内空间。例如，木材无缝拼接形成整体的模块划分室内空间等等。运用材料特有的属性和不同的排列组合能形成不同的丰富的界面效果，使室内空间充满趣味性。在现代空间中，有些只是对某一面墙运用原生态材料进行分隔，与空间中其他的界面形成鲜明的对比，营造出独特的空间气质。

2. 室内设计中的相对分割

相对分割是空间界限不明确，限定度较低的界面分割表现，这种分割使区域之间具有一定的通透性，没有明确的界限，使空间更加开阔，同时能保证各区域的功能完整互不侵扰，分割的形式灵活多变。其中，界面分割空间的强弱主要是由界面采用的材质、形态、大小来决定，不同的材质会达到不同的效果。在室内常用的表现手法有将原生态材料通过不同的排列组合方式形成规则或者不规则的界面形态，进行空间的相对分割。材料的表面形态和组织形式是形成界面最终效果的关键，所以对材质的选用和表现要根据空间的需要，与环境相协调。

3. 室内设计中的弹性分割

弹性分割是指利用原生态材料制作成折叠式、拼装式等可以灵活活动或多变的界面隔断，其优点是可以跟随空间的需要灵活多变地移动界面的位置，使空间随之变大变小，隔开或者成为一个整体，形成人们需要的空间形式。这种分割的弹性大、灵活性强，能满足多种空间需求。最常见的像屏风、垂帘或者可移动的陈设品等，一般会选用较为轻便的原生态材料、木片等进行编织组合，都能满足弹性分割的要求。

（四）原生态材料形成的装饰陈设

原生态材料可以作为室内的陈设品和装饰品装饰室内空间，融合一些设计手法，能提升空间的氛围品质。室内的装饰陈设的有很多种表现样式，如顶面装饰、墙面装饰等。装饰的过程中对材料的造型手法不一，例如对原生态材料进行编织组合、有序或无序排列、较大体量材料分片截取等。有些是直接利用材料的原始形态，所形成的陈设品不同于传统的陈设品，没有过多的工业化气息，其材质的属性、肌理、色彩都是天然形成的，成就了陈设品的独一无二性，是不可复制的，不能大批量生产。原生态材料形成的装饰陈设品在室内空间中与空间是相辅相成的，所以装饰陈设的设置要根据室内的氛围需要来设计，达到烘托室内氛围的效果。

四、绿色植物和家具的引入

人类是大自然的一部分，我们与大自然是息息相关的，每个人都希望能够亲近大自然，回到大自然的怀抱。人们现在为生活所迫，天天都忙碌地穿梭在都市之中，很少有时间去郊外感受大自然。在绿色设计理念下，绿色植物在室内的应用起到了很大作用，改善了我们的室内环境，降低了对大气的污染，提高了人们的生活质量，满足了人们对绿色的向往。室内的这一点绿意，满足了人们些许心理需求，具体体现在以下几个方面。

（一）绿色植物的引用

1. 美化环境

绿色植物总能给人们温馨、亲切的感受，室内装饰中的很多绿色植物的身影，能让室内环境充满活力和生命力。室内空间大多是直线和棱角，显得有些冷漠，而植物的形态各异、色彩丰富，点缀其中，使我们的空间更加富有灵动感，装饰美化室内环境。

在餐桌、玄关柜等地方放置一些小的装饰植物，既能够烘托空间的氛围，还能装点空间，使空间不会空洞、乏味。植物种类繁多，不同品种的植物有着不同的气息，用途、摆放也会不一样，要选择在合适的空间摆放。例如，梅兰竹菊透着文人墨客的优雅气质，适宜摆在书房；在卧室摆放的植物要能使人们睡眠质量好、身心舒畅，还能净化空气，不能摆放花香特别浓郁的植物，会影响人们的睡眠质量；开花类植物适合摆放在色彩单一的空间，让空间更生动，适当的绿色植物装饰能让室内更加清新脱俗，起到工艺装饰品达不到的装饰效果。植物的色彩会随着四季的变化而发生改变，在室内形成一道靓丽的风景线，让我们足不出户也能感受到季节的更替，在视觉效果上给人带来艺术享受，在这样的环境中工作、生活让人陶醉。

2. 净化空气，调节室内环境

当今大气环境质量下降，室内也潜藏着有害气体的危害，如一些装饰材料和人们日常生活排放的有害气体。空气质量问题给人类带来了疾病，影响着人们的身体健康。绿色植物可以在室内吸收二氧化碳并释放氧气，吸附空气中的灰尘，净化室内空气，调节室内空气系统实现良性循环。有些绿色植物还有杀菌的作用，能杀死或抑制空气中的细菌、真菌，使空气洁净卫生。室内装修后会产生有害的化学气体，这时选择一些能吸收甲醛等有害气体的植物对室内空气进行清理，创造良好的空气环境。在室内空间中，电子产品给我们的生活带来了方便，但是有些会产生对人体有害的辐射，我们通常会在电脑旁摆上仙人掌等植物，吸收辐射，减少辐射对人体的危害。

绿色植物还能调节室内的温度和湿度，提供人们适宜居住的环境。在炎热的夏季，阳光的照射使屋内的水汽迅速蒸发，温度升高，而绿色植物能够吸收空气中的热量，锁住空气中的水分，从而调节室内环境。有些建筑外墙上种植了茂密的植物，能起到遮挡的作用，使外墙的温度降低，室内也能感受到阴凉。另外，居住在城市中避免不了噪音的污染，人们总是被各种噪音侵扰，例如建筑噪音、交通噪音、工业噪音等，会影响人们的生活作息，让人们心神不宁。

绿色植物能隔离减少噪声污染，在室内和阳台摆放一些枝叶繁盛的绿色植物，能够一定程度地降低噪音的影响，起到阻挡作用，使室内更加安宁、清静。

3. 改善空间结构

绿色植物能使室内室外空间自然地过渡。在室外，我们能享受到大自然的气息；在室内摆放绿色植物能更好地衔接室内室外空间，使室内环境更加亲切。在有些拐角处、角落、功能分区衔接的地方摆放绿色植物，既美观又能自然地过渡。绿色植物还能起到延伸空间的作用，比如，在酒店大堂门口摆放绿色植物，能感受到室内室外的一体性，延伸了室内空间；在阳台种植绿色植物，使房屋的边界弱化，使室内室外融为一体，视野更加开阔；有些酒店大堂、商场的中庭种植高大的绿色植物，使各个楼层之间相互联系，开阔的视野延伸了空间感。

利用绿色植物可以分隔室内空间，绿色植物可以起到隔断的作用，环保又美观。运用植物分隔是相对性的分隔，植物特有的形态特征，能保证空间的通透性和私密性，还赏心悦目。例如，在餐厅为了分隔相邻的就餐区域，在中间摆放绿色植物使空间隔开，这样不仅保证了各区域的私密性，又避免了空间太过封闭，维持了空间的流通性，人们在就餐的同时还能观赏植物保持愉悦的心情，绿色植物还能散发出清香，为人们提供清新雅致的就餐环境。在室内空间设计中，为了保持室内的通透性，很多区域都采用这个手法。比如酒店大堂需要同时满足很多功能区域要求，要保证其大气和一览无余的开阔视野，所以如果运用隔断将有些功能区域分隔开，会使酒店大堂菱角过多，浪费室内空间。例如，将大堂休息区与其他区域分开，运用绿色植物能使室内更加通透，又区分了室内的功能区域，还能增加大堂的美观性，为室内增添了一份绿意。另外，室内绿色植物的使用，在不经意间起到了指示和引导的作用。绿色植物装饰性很强，在室内很容易引起人们的注意，如果加以设计搭配，必定会成为焦点。例如，在门口和拐角处摆放绿色植物，能够引导人们的交通路线，含蓄地指向某个区域。

4. 维持身心健康

现在人们的生活节奏过快，在工作空间中人们只能冷冰冰地跟机器打交道，室内过于单调和冷漠。若在屋内摆放几盆植物，室内空间立马变得活泼起来，充满了生命力，让心情变得愉悦，缩短人们之间的距离感，增进人们互动与交流；绿色植物的形态生动，能打破室内直的线条，让室内更加柔和、温馨。

绿色植物是大自然的产物，人们都本能的向往大自然，绿色植物让人们有一种亲近感，缓解人们的压力，仿佛置身于大自然之中。人们在强大的社会压力下，急需一个舒适、安静的地方放松身心，绿色植物进入我们的住宅，不仅能装饰室内空间，调节家居氛围，为人们营造轻松、欢快的环境，还能调节室内的温度、湿度、吸收有害气体等，保持一个健康的室内环境，维持人们的身心健康。在室内，人们都会种植一些绿色植物，我们在对绿色植物进行打理和养护的过程中也能平静心态、陶冶情操；我们对绿色植物进行养护使绿色植物茁壮生长，能给人心理满足感，促进心理健康。此外，绿色植物还能保护我们的视力，在日常生活中由于频繁地用眼，会造成眼睛疲劳，视力迅速下降，在休息的时候多看看绿色植物能缓解眼睛的疲劳。

（二）绿色家具的引用

绿色设计理念下家具的设计也开始考虑维持生态平衡，不污染环境。人们在室内工作生活，家具是最主要的媒介，它让室内的环境和氛围更加浓郁，所以家具是室内的重要组成部分。随着人们的生活水平提高，室内设计也随之发展起来，近几年发展相当迅速，一些相关的产业也带动起来，但发展参差不齐。家具作为室内的必需品，人们对家具的要求也越来越高，不仅要考虑家具的实用性、人性化，还要考虑家具对环境的影响，包括室内环境和我们生存的大环境。然而，很多家具的质量都不过关，大量使用不环保的材料，释放有害物质，使我们的室内环境受到威胁，严重危害了人们的健康。另外，传统家具大量使用不可再生资源，没有考虑到对环境的破坏、资源的锐减，反而有些越是稀缺的材料往往越受到人们的追捧，人们错误的价值观导致很多不可再生资源濒临灭绝，破坏了生态的平衡。绿色家具是指在其生产、使用和废弃的过程中，保证其使用功能的情况下不对环境造成危害，要节约资源、能源，保护环境，维持生态平衡。绿色家具的设计理念要考虑产品生命的全周期，不仅仅关注生产和使用，还有产品的售后服务、后期维护乃至最后的废弃处理、回收重新利用阶段，在各个阶段杜绝对环境的污染、资源的消耗。相比较而言，传统的家具只是考虑生产和使用的环节，从环境中不断地索取所需的资源，根本没有考虑到生态环境的效应，只是一味地追求商业利益。而且为了产生更多的商业利益，有些产品制造的质量不达标，使用周期严重缩短，人们不得不重新购买新产品，形成恶性循环，资源还没有被完全利用就不得不废弃，导致大量资源能源的浪费。这种设计理念由于环境的压力已经不能再适用，而绿色家具设计理念将是未来发展的趋势，最终实现绿色家具与人、环境和谐发展。

绿色家具满足以人为本的设计理念，是指满足人类整体的利益。绿色家具设计是从人类整体利益出发，是为整个人类服务的，既满足当代人的利益，又能保证后代人们利益的发展，为子孙后代谋福利；既能满足人们自身社会的发展，又不影响环境平衡的发展，为人类的发展、环境的保护做出贡献。现在绿色家具中运用原生态材料来制造家具很常见，有些是以自然物的原形加以艺术的处理手法直接制造成具有自然气息的绿色家具。

在家具制造中，运用较多的原生态材料是竹材、木材、藤等。

竹材是可再生资源，再生周期短，比同类型的材料更占优势，它生长迅速、产量高、高大挺拔、柔韧性和强度极好，我国的竹林占地面积广，每年都有相当多的竹材被砍伐用于人们的生活，减少了木材的使用。竹子繁殖快、生产周期短的可再生特性，非常适合作为绿色家具制造的原材料，能维持自然的平衡发展。除此之外，竹子天然的纹理和四季常青的色泽都充满着自然的美感，从古至今都受到人们的青睐，竹子所透露的气质被人们称赞，用清高、坚贞来形容它所内涵的人文气质，具有浓厚的文化意义。而且竹材的大量使用能减少劣质材料的使用，就能减少有害气体的排放，有利于降低有害物质在室内对人们的身体健康造成的危害。

木材是家具中运用最多的材料，木材可再生、可降解，是绿色家具制作不错的选择，木材施工方便、易于加工，在家具设计中广泛运用，不同的木材其自身的纹理、色泽、质地都不一样，所制成的家具也会产生不一样的效果。木材本身就是大自然的杰作，具有天然的纹理和色泽。早在明清时期，人们将木材运用到了极致，明清时期的木制家具不仅充分展现了木材的材料美，还将结构美发挥得炉火纯青，将各种木材的美展现得淋漓尽致。现代的木质家具大多是以简单实用为主。

藤是指植物的匍匐茎或攀缘茎，也是可再生、可降解的材质，且再生能力强，生长迅速，不会污染环境。在古代人们就开始用藤编织成家具，例如席，慢慢地由于工艺水平的提高，开始制作藤椅、藤床、屏风、装饰品等等。藤制成的家具透气性强，质感清爽，夏天很多人都喜欢用藤制家具。藤制成的家具密实、牢固又轻便，易成形，便于加工和造型，非常耐用，使用周期长，避免了快速地更新换代造成的废弃物，减少了对环境造成的压力。藤制家具造型富有艺术性，摆放在室内给室内带来清新自然、幽雅恬静的气息。

不同材质的运用，给室内带来不一样的氛围，下面分别从实用家具、灯具来分析绿色家具在室内设计中的运用。

1. 实用性家具

实用性家具是指有具体实在的使用功能的家具，比如床、桌椅、柜子、沙发等，这些家具是满足人们在室内进行生产生活的必需品，让人们在室内的生活变得更加方便舒适。它们是人们在生活中接触最多的物品，所以在家具的设计过程中要考虑它的美观适用性、功能性，作为绿色家具还要考虑它的耐用性、人性化设计和家具自身的环保性。家具不仅具有实用功能，还能作为表现艺术的一种载体，让人们在设计的过程中放飞思绪、天马行空，表达设计者的情感态度、设计美感、对生活的态度，让家具形式更加多样化，丰富人们的生活。人们一般会选择比较坚固、结构比较稳定的材料制作家具，例如木材、竹材、藤等环保材料，或是将其搭配在一起使用。

2. 灯具

灯具是室内空间功能完整必不可少的一部分，灯具能在室内光线不够的情况下提供光亮，为人们的生产生活提供方便，部分辅助灯光还能装饰、丰富室内空间氛围。室内的灯具按照明方式不同，可分为顶面的吊灯、吸顶灯、筒灯等，地面的落地灯和地灯，桌面的台灯，墙面的壁灯。不同的灯种有不同的使用功能，灯光的效果也不一样，根据室内的需要进行安装设置。现在灯具除了方便照明外，由于人们审美观念的提高，对设计品位、生活质量的追求，使灯具慢慢有了较强的装饰性，与其说是灯具，更像是一个陈设品展示在空间中，因此灯具的造型设计越来越丰富。绿色设计理念下的灯具，要求其电光源（灯泡、灯管）要节能，以减少能源的消耗；灯体的制作材质尽量耐用环保，减少不停地更换，节约资源；灯罩使用环保材料，达到美观、实用与保护生态为一体。在绿色设计理念的前提下，现在很多原生态材料被运用到灯具的制作中，配合内部的发光体，使原生态材质更加多姿多彩，使灯具充满了艺术气质，成为空间中的聚焦点。

第四章 可持续城市生态景观艺术设计

第一节 城市景观生态系统

城市的发展在城市布局、城市空间形态、生产力发展等方面，尤其是在城市的生态建设上既有共性，也有各自的特点。有关城市生态建设的概念目前尚无统一定论，但学术界多认为它是按照生态学原理和方法，应用工程性的和非工程性的措施建立合理的城市生态系统结构，提高城市生态系统的功能，促进系统的物质循环和能量合理流动，协调人与自然的关系，使人类在城市空间的利用方式、程度等方面与生态系统的发展过程相适应。其最终目标是建设结构合理、功能高效、关系协调的生态城市。城市的生态建设应是在城市生态规划的指导下，按照规划目标具体实施城市生态环境对策的建设性行为。

新加坡碧山宏茂桥城市雨洪生态公园（安博戴水道设计）

具有自净能力及自动调节能力的城市园林绿地，被称为"城市之肺"，它构成城市生态系统中唯一执行自然"纳污吐新"负反馈机制的子系统，是城市生态系统的重要组成部分；是以生态学、环境科学的理论为指导，以人工植物群落为主体，以艺术手法构成的一个具有净化、调节和美化环境的生态体系；是实现城市可持续发展的一项重要基础设施。在环境污染已发展为全球性问题的今天，城市园林生态系统作为城市生态系统中主要的生命保障系统，在保护和恢复绿色环境，维持城市生态平衡和改善环境污染，提高城市生态环境质量方面起着其他基础设施无法代替的重要作用。

一、园林生态系统组成

（一）园林生态环境

园林生态环境通常包括园林自然环境、园林半自然环境和园林人工环境三部分。

1. 园林自然环境

园林自然环境包含自然气候和自然物质两类：（1）自然气候即光照、温度、湿度、降水、气压、雷电等，为园林植物提供生存基础。（2）自然物质是指维持植物生长发育等方面需求的物质，如自然土壤、水分、氧气、二氧化碳、各种无机盐类以及非生命的有机物质等。

2. 园林半自然环境

园林半自然环境是经过人们适度的管理，影响较小的园林环境，即经过适度的土壤改良、适度的人工灌溉、适度的遮风等人为干扰或管理下的环境，仍是以自然属性为主的环境。通过各种人工管理措施，使园林植物等受各种外来干扰适度减小，在自然状态下保持正常的生长发育。各种大型的公园绿地环境、生产绿地环境、附属绿地环境等都属于这种类型。

3. 园林人工环境

园林人工环境是人工创建的，并受人类强烈干扰的园林环境。该类环境下的植物必须通过强烈的人工干扰才能保持正常的生长发育，如温室、大棚及各种室内园林等都属于园林人工环境。在该环境中，协调室内环境与植物生长之间的矛盾时要采用的各种人工化的土壤、人工化的光照条件、人工化的温湿度条件等是园林人工环境的组成部分。

（二）园林生物群落

园林生物群落是园林生态系统的核心，是园林生态系统发挥各种效益的主体。园林生物群落包括园林植物、园林动物和园林微生物。

1. 园林植物

凡适合各种风景名胜区、休闲疗养胜地和城乡各类型园林绿地应用的植物统称为园林植物。园林植物包括各种园林树木、草本、花卉等陆生和水生植物。

2. 园林动物

园林动物指在园林生态环境中生存的所有动物。园林动物是园林生态系统中的重要组成成分，对于维护园林生态平衡，改善园林生态环境，特别是指示园林环境，有着重要的意义。

3. 园林微生物

园林微生物指在园林环境中生存的各种细菌、真菌、放线菌、藻类等。园林微生物通常包括园林环境空气微生物、水体微生物和土壤微生物等。

二、园林生态系统的结构

（一）物种结构

园林生态系统的物种结构是指构成系统的各种生物种类以及它们之间的数量组合关系。园林生态系统的物种结构多种多样，不同的系统类型，其生物的种类和数量差别较大。

（二）空间结构

园林生态系统的空间结构指系统中各种生物的空间配置状况，通常包括：（1）垂直结构。园林生态系统的垂直结构即成层现象，是指园林生物群落，特别是园林植物群落的同器官和吸收器官在地上的不同高度和地下不同深度的空间垂直配置状况。（2）水平结构。园林生态系统水平结构是指园林生物群落，特别是园林植物群落在一定范围内植物类群在水平空间上的组合与分布。

（三）时间结构

园林生态系统的时间结构指由于时间的变化而产生的园林生态系统的结构变化。其主要表现有两种变化：（1）季相变化，指园林生物群落的结构和外貌随季节的更迭依次出现的改变。（2）长期变化，即园林生态系统经过长时间的结构变化。

（四）营养结构

园林生态系统的营养结构是指园林生态系统中的各种生物通过食物为纽带所形成的特殊营养关系。其主要表现为由各种食物链形成的食物网。

三、园林生态系统的建设与调控

（一）园林生态系统的建设

园林生态系统的建设是以生态学原理为指导，利用绿色植物特有的生态功能和景观功能，创造出既能改善环境质量，又能满足人们生理和心理需要的近自然景观。

1. 园林生态系统建设的原则

园林生态系统是一个半自然生态系统或人工生态系统，在其营建的过程中必须从生态学的角度出发，遵循以下生态学的原则，才能建立起满足人们需求的园林生态系统。

（1）森林群落优先建设原则

在园林生态系统中，如果没有其他的限制条件，应适当优先发展森林群落。因为森林群落结构能较好地协调各种植物之间的关系，最大限度地利用各种自然资源，是结构最合理、功能健全、稳定性强的复层群落结构，是改善环境的主力军；同时，建设、维持森林群落的费用也较低。因此，在建设园林生态系统时，应优先建设森林群落。

（2）地带性原则

园林生态系统的建设要与当地的植物群落类型相一致，即以当地的主要植被类型为基础，以乡土植物种类为核心，这样才能最大限度地适应当地环境，保证园林植物群落的成功建设。

（3）充分利用生态演替理论

生态演替是指一个群落被另一个群落所取代的过程。在自然状态下，如果没有人为干扰，演替次序为杂草→多年生草本和小灌木→乔木等，最后达到"顶极群落"。生态演替可以达到顶极群落，也可以停留在演替的某一个阶段。园林工作者应充分利用这种理论，使群落的自然演替与人工控制相结合，在相对小的范围内形成多种多样的植物景观，即丰富群落类型，满足人们对不同景观的观赏需求；还可为各种园林动物、微生物提供栖息地，增加生物种类。

（4）保护生物多样性原则

保护园林生态系统中生物多样性，就是要对原有环境中的物种加以保护，不要按统一格式更换物种或环境类型。另外，应积极引进物种，并使其与环境之间、各生物之间相互协调，形成一个稳定的园林生态系统。当然，在引进物种时要避免盲目性，以防生物入侵对园林生态系统造成不利影响。

（5）整体性能发挥原则

园林生态系统的建设必须以整体性为中心，发挥整体效应。各种园林小地块的作用相对较弱，只有将各种小地块连成网络，才能发挥更大的生态效应。另外，将园林生态系统建设为一个统一的整体，才能保证其稳定性，增强园林生态系统对外界干扰的抵抗力，从而大大减少维护费用。

2. 园林生态系统建设的一般步骤

园林生态系统的建设一般可按照以下几个步骤进行：（1）园林环境的生态调查，包括：①地形与土壤调查；②小气候调查；③人工设施状况调查。（2）园林植物种类的选择与群落设计，包括：①园林植物的选择；②园林植物群落的设计；（3）种植与养护。

（二）园林生态系统的调控

1. 园林生态系统的平衡

园林生态系统的平衡指系统在一定时空范围内，在其自然发展过程中，或在人工控制下，系统内的各组成成分的结构和功能均处于相互适应和协调的动态平衡。园林生态系统的平衡通常表现为三种形式：（1）相对稳定状态；（2）动态稳定状态；（3）"非平衡"的稳定状态。

2. 园林生态失调

园林生态系统作为自我调控与人工调控相结合的生态系统，不断地遭受各种自然因素的侵袭和人为因素的干扰，在生态系统阈值范围内，园林生态系统可以保持自身的平衡。如果干扰超过生态阈值和人工辅助的范围，就会导致园林生态系统自我调控能力的下降，甚至丧失，最后导致生态系统的退化或崩溃，即园林生态失调。

3. 园林生态系统的调控

园林生态系统作为一个半自然与人工相结合或完全的人工生态系统，其平衡要依赖人工调控。通过调控，不但可保证系统的稳定性，还可增加系统的生产力，促进园林生态系统结构趋于复杂等。当然，园林生态系统的调控必须按照生态学的原理来进行。

（1）生物调控

园林生态系统的生物调控是指对生物个体，特别是对植物个体的生理及遗传特性进行调控，以增加其对环境的适应性，提高其对环境资源的转化效率。其主要表现在新品种的选育上。

（2）环境调控

环境调控是指为了促进园林生物的生存和生产而采取的各种环境改良措施。

（3）合理的生态配置

充分了解园林生物之间的关系，特别是园林植物之间、园林植物与园林环境之间的相互关系，在特定环境条件下进行合理的植物生态配置，形成稳定、高效、健康、结构复杂、功能协调的园林生物群落，是进行园林生态系统调控的重要内容。

（4）适当的人工管理

园林生态系统是在人为干扰较为频繁的环境下的生态系统，人们对生态系统的各种负面影响必须通过适当的人工管理来加以弥补。

（5）大力宣传，增加人们的生态意识

大力宣传，提高全民的生态意识，是维持园林生态平衡，乃至全球生态平衡的重要基础。只有让人们认识到园林生态系统对人们生活质量、人类健康的重要性，才能从我做起，爱护环境，保护环境；并在此基础上主动建设园林生态环境，真正维持园林生态系统的平衡。

四、园林生态规划

（一）园林生态规划的含义

园林生态规划即生态园林和生态绿地系统的规划，其含义包括广义和狭义两方面。从广义上讲，园林生态规划应从区域的整体性出发，在大范围内进行园林绿化，通过园林生态系统的整体建设，使区域生态系统的环境得到进一步改善，特别是人居环境的改善，促使整个区域生态系统向着总体生态平衡的方向转化，实现城乡一体化、大地园林化。从狭义上讲，园林生态规划主要是以城市（镇）为中心的范围内，特别是在城市（镇）用地范围内，对各种不同功能用途的园林绿地进行合理布置，使园林生态系统改善城市小气候，改善人们的生产、生活环境条件，改善城市环境质量，营建出卫生、清洁、美丽、舒适的城市。

（二）园林生态规划的步骤

（1）确定园林生态规划原则；（2）选择和合理布局各项园林绿地，确定其位置、性质、范围和面积；（3）根据该地区生产、生活水平及发展规模，研究园林绿地建设的发展速度与水平，拟定园林绿地各项定量指标；（4）对过去的园林生态规划进行调整、充实、改造和提高，提出园林绿地分期建设及重要修建项目的实施计划，划出需要控制和保留的园林绿化用地；（5）编制园林生态规划的图纸及文件。

（三）园林生态规划的布局形式

1. 园林绿地一般布局的形式

城市园林绿地的布局主要有八种基本形式：点状（或块状）、环状、放射状、放射环状、网状、楔状、带状和指状。从与城市其他用地的关系来看，可归纳为四种：环绕式、中心式、条带式和组群式。

2. 园林生态绿地规划布局的形式

实践证明："环状＋楔形"式的城市绿地空间布局形式是园林生态绿地规划的最佳模式，并已经得到普遍认可。因为"环状＋楔形"式的城市绿地系统布局有如下优点：首先，利于城乡一体化的形成，拥有大片连续的城郊绿地，既保护了城市环境，又将郊野的绿引入城市；其次，楔形绿地还可将清凉的风、新鲜的空气，甚至远山近水都借入城市；再次，环状绿地功不可没，最大的优点是便于形成共同体，便于市民到达，而且对城市的景观有一定的装饰性。

第二节 城市景观植物与生态环境

园林植物是城市生态环境的主体，在改善空气质量、除尘降温、增湿防风、蓄水防洪，以及维护生态平衡、改善生态环境中起着主导和不可替代的作用。因此，只有了解植物的生态习性，根据实际情况合理地配置植物，才能更好地发挥植物的城市绿化功能，改善我们的生存环境。

一、植物与生态环境的生态适应

（一）植物与环境关系所遵循的原理

1. 最小因子定律

定律的基本内容是：任何特定因子的存在量低于某种生物的最小需要量，是决定该物种生存或分布的根本因素。为了在实践中运用这一定律，奥德姆等一些学者对它进行两点补充：（1）该法则只能用于稳定状态下；（2）应用该法则时，必须考虑各种因子之间的关系。

2. 耐性定律

任何一个生态因子在数量上或质量上的不足或过多，即当其接近或达到某种生物的耐受限度时，就会影响该种生物的生存和分布。即生物不仅受生态因子最低量的限制，而且受生态因子最高量的限制。生物对每一种生态因子都有其耐受的上限和下限，上下限之间就是生物对这种生态因子的耐受范围，称"生态幅"。在耐受范围当中包含一个最适区，在最适区内，该物种具有最佳的生理或繁殖状态，当接近或达到该种生物的耐受性限度时，就会使该生物衰退或不能生存。

3. 限制因子

耐受性定律和最小因子定律相结合便产生了限制因子（limiting factors）的概念。在诸多生态因子中，使植物的生长发育受到限制，甚至死亡的因子称为"限制因子"。任何一种生态因子只要接近或超过生物的耐受范围，就会成为这种生物的限制因子。

（二）植物的生态适应

生物有机体与环境的长期相互作用中，形成了一些具有生存意义的特征，依靠这些特征，生物能免受各种环境因素的不利影响和伤害，同时还能有效地从其生境获取所需的物质能量以确保自身生长发育的正常进行，这种现象称为"生态适应"。生物与环境之间的生态适应通常分为两种类型：趋同适应与趋异适应。

1. 趋同适应

不同种类的生物，生存在相同或相似的环境条件下，常形成相同或相似的适应方式和途径，称为趋同适应。

2. 趋异适应

亲缘关系相近的生物体，由于分布地区的间隔，长期生活在不同的环境条件下，因而形成了不同的适应方式和途径，称为趋异适应。

（三）植物生态适应的类型

植物由于趋同适应和趋异适应而形成不同的适应类型：植物的生活型和生态型。

1. 植物的生活型

长期生活在同一区域或相似区域的植物，由于对该地区的气候、土壤等因素的共同适应，产生了相同的适应方式和途径，并从外貌上反映出来的植物类型，都属于同一生活型。植物的生活型是植物在同一环境条件或相似环境条件下趋同适应的结果，它们可以是同种，也可以是不同种类。

2. 植物的生态型

同种植物的不同种群分布在不同的环境里，由于长期受到不同环境条件的影响，在生态适应的过程中，发生了不同种群之间的变异与分化，形成不同的形态、生理和生态特征；并且通过遗传固定下来，这样在一个种内就分化出不同的种群类型。这些不同的种群类型就称为"生态型"。

二、生态因子对园林植物的生态作用

组成环境的因素称为"环境因子"。在环境因子中对生物个体或群体的生活或分布起着影响作用的因子统称为"生态因子"，如岩石、温度、光、风等。在生态因子中生物的生存所不可缺少的环境条件称为生存条件（或生活条件）。各种生态因子在其性质、特性和强度等方面各不相同，但各因子之间相互组合，相互制约，构成了丰富多彩的生态环境（简称"生境"）。

生态因子对于植物的影响往往表现在两个方面：一是直接作用，二是间接作用。

直接作用的生态因子一般是植物生长所必需的生态因子，如光照、水分、养分元素等。它们的大小、多少、强弱都直接影响植物的生长甚至生存，如水分的有或无将影响植物能否生存；光照也直接影响植物的生长、发育甚至繁殖，过弱的光照使植物生长不良，甚至死亡，过强光照则使植物受到灼烧。

间接作用的生态因子一般不是植物生长过程中所必需的因子，但是它们的存在间接影响其他必需的生态因子而影响植物的生长发育，如地形因子。地形的变化间接影响着光照、水分、土壤中的养分元素等生态因子而影响植物的生长发育。如火，不是植物生长中的必需因子，但是由于火的存在会使大部分植物被烧死而不能生存。

三、园林植物的生态效应

（一）园林植物的净化作用

1. 吸收有毒气体，降低大气中有害气体浓度

在受到污染的环境条件下生长的植物，都能不同程度地拦截、吸收和富集污染物质。园林植物是最大的"空气净化器"，植物首先通过叶片吸收二氧化硫、氟化氢、氯气和致癌物质——安息香吡啉等多种有害气体，或富集体内而减少大气中的有毒物质含量。有毒物质被植物吸收后，并不是完全被积累在体内，植物能使某些有毒物质在体内分解、转化为无毒物质，或毒性减弱，从而避免有毒气体积累到有害程度，从而达到净化大气的目的。

2. 净化水体

城市和郊区的水体常受到工厂废水及居民生活污水的污染而影响环境卫生和人们的身体健康，而植物有一定的净化污水的能力。许多植物能吸收水中的毒质而在体内富集起来，富集的程度，可比水中毒质的浓度高几十倍至几千倍，因此水中的毒质降低，得到净化。而在低浓度条件下，植物在吸收有毒物质后，有些植物可在体内将有毒物质分解，并转化成无毒物质。

3. 净化土壤

植物的地下根系能吸收大量有害物质而具有净化土壤的能力。

4. 减轻放射性污染

绿化植物具有吸收和抵抗光化学烟雾污染物的能力，能过滤、吸收和阻隔放射性物质，减低光辐射的传播和冲击波的杀伤力，并对军事设施等起隐蔽作用。

（二）园林植物的滞尘降尘作用

城市园林植物可以起到滞尘和减尘作用，是天然的"除尘器"。树木之所以能够减尘，一方面由于枝叶茂密，具有降低风速的作用，随着风速的降低，空气中携带的大颗粒灰尘便下降到地面。另一方面是由于叶子表面是不平滑的，有的多褶皱，有的多绒毛，有的还能分泌黏性的油脂和浆汁，当被污染的大气吹过植物时，它能对大气中的粉尘、飘尘、煤烟及铅、汞等金属微粒有明显的阻拦、过滤和吸附作用。蒙尘的植物经过雨水淋洗，又能恢复其吸尘的能力。由于植物能够吸附和过滤灰尘，使空气中灰尘减少，从而减少了空气中的细菌含量。

（三）园林植物的降温增湿作用

园林植物是城市的"空调器"。园林植物通过对太阳辐射的吸收、反射和透射作用以及水分的蒸腾，来调节小气候，降低温度，增加湿度，减轻了"城市热岛效应"。降低风速，在无风时还可以引起对流，产生微风。冬季因为降低风速的关系，又能提高地面温度。在市区内，由于楼房、庭院、沥青路面等比重大，形成一个特殊的人工下垫面，对热量辐射、气温、空气湿度都有很大影响。盛夏在市区内形成热岛，因而对市区增加湿度、降低温度尤为重要。植物通过蒸腾作用向环境中散失水分，同时大量地从周围环境中吸热，降低了环境空气的温度，增加了空气湿度。这种降温增湿作用，特别是在炎热的夏季，起着改善城市小气候状况，提高城市居民生活环境舒适度的作用。

（四）园林植物的减噪作用

城市园林植物是天然的"消声器"。城市植物的树冠和茎叶对声波有散射、吸收的作用，树木茎叶表面粗糙不平，其大量微小气孔和密密麻麻的绒毛，就像凹凸不平的多孔纤维吸音板，能吸收噪声，减弱声波传递，因此具有隔音、消声的功能。

（五）园林植物的杀菌作用

空气中的灰尘是细菌的载体，由于植物的滞尘作用，减少了空气病原菌的含量和传播，另外许多植物还能分泌杀菌素。据调查，闹市区空气里的细菌含量比绿地高 7 倍以上。

园林植物之所以具有杀菌作用，一方面是由于有园林植物的覆盖，使绿地上空的灰尘相应减少，因而减少了附在其上的细菌及病原菌；另一方面，城市植物能释放分泌出如酒精、有机酸和菇类等强烈芳香的挥发性物质——杀菌素（植物杀菌素），它能把空气和水中的杆菌、球菌、丛状菌等多种病菌和真菌及原生动物杀死。

（六）园林植物的环境监测评价作用

许多植物对大气中有毒物质具有较强抗性和吸毒净化能力，这些植物对园林绿化都有很大作用。但是一些对有毒物质没有抗性和解毒作用的"敏感"植物对环境污染的反应，比人和动物要敏感得多。这种反应在植物体上以各种形式显示出来，成为环境已受污染的"信号"。利用它们作为环境污染指示植物，既简便易行又准确可靠。我们可以利用它们对大气中有毒物质的敏感性作为监测手段以确保人民能生活在合乎健康标准的环境中。

（七）园林植物的吸碳放氧作用

绿地植物在进行光合作用时能固碳释氧，对碳、氧平衡起着重要作用。植物在光合作用和呼吸作用下，保持大气中氧气和二氧化碳相对平衡的特殊地位，这是到目前为止，任何发达的技术和设备都代替不了的。

第三节　城市景观生态功能圈

城市生态绿地系统以人类为主要服务对象，其生态效益可以改善人体的生理健康。城市生态绿地系统是城市的基础设施，建设生态绿地系统已成为当代城市园林绿化发展的必然趋势。随着科技水平的提高，城市生态绿地系统在传统的观赏游憩功能基础上，更注重其生态功能的充分发挥；同时，兼顾经济与社会效益，从而实现城市可持续发展的客观要求。

一、城市生态功能圈的划分

（一）划分的意义和目的

以城市生态学理论为指导，把人类的居室和城市的郊区、郊县作为城市生态环境工程建设的重要组成部分，构建了城市由室内空间到室外空间、由中心城区到郊县的居室、社区、中心城区、郊区、郊县五大生态功能圈及其绿化工程，提出了城市绿化新模式。这种模式的建立有利于发展生态系统的多样性、物种与遗传基因的传播与交换，提高绿地系统中植物的多样性；同时，也有利于发展城市园林的景观多样性，提高绿地的稳定性，形成一个和谐、有序、稳定的城市保护体系，促进城市的可持续发展。

（二）构建依据

1. 生态学原理

建设生态园林，主要是指以生态学原理为指导（如互惠共生、生态位、物种多样性、竞争、化学互感作用等）来建设的园林绿地系统。

2. 环境的基本属性

环境具有三个属性：一是整体性；二是区域性；三是动态性。整体性决定了城市市区和市郊的生态环境是一个整体；区域性决定了环境质量的差异性；居住的动态性则表现为：室内环境→室外环境→小区环境→居住区环境→中心城市环境→大城市环境。

3. Park 的城市社区结构理论

Park 将社区作为城市的基本结构单元，建立起由城市、社区、自然区组成的三级等级单元。

4. Burgess 的城市地域景观结构的同心圆模式理论

Burgess 认为城市的空间扩展本质上都是集中与分散，在向心力的作用下，产生人口的向心流动，在离心力的作用下，产生离心反动。由此形成社区解体与组合的两个互补的过程，构成城市空间地域的同心圆结构。

5. 霍德华的"田园城市"模式理论

霍德华在《明日的田园城市》中提出了自己的城市规划思想，并专门设计了"田园城市"模式图，是由一个核心、六条放射线和几个圈层组合的放射同心圆结构，每个圈层由中心向外分别是：绿地、市政设施、商业服务区、居住区、外围绿化区，然后在一定距离内配置工业区，整个城市区被绿带网分割成不同城市单元。每个单元都有一定人口容量限制（3 万人左右），新增人口再沿放射线向外面新城扩建。该理论对后来的城市规划、城市生态学、城市地理学的影响很大。另一方面，"田园城市"思想更多考虑的是城市的生活功能，而对其经济职能考虑较少，对于人口众多、经济落后的第三世界国家，它只是一种难以实现的理想化模式。

6. 生态环境脆弱带原理

生态环境脆弱带在生态环境改变速率、抵抗外部干扰能力、生态系统稳定和适应全球变化的敏感性上表现出相对明显的脆弱性。随着社会经济的发展，生态环境脆弱带的空间范围和脆弱程度，都明显增长。

（三）城市生态功能圈的划分（五大功能圈）

我们以人为中心，依据人类生活的环境由近及远，并从城市环境整体出发，将城市区域划分为五大生态功能圈。

1. 居室生态功能圈

"生态"直接所指是人类与环境的关系。城市居民与其居室周围环境的相互作用所形成的结构和功能关系，称居室生态。现代生态学与城市研究的结合，自然地要求建立生态城市。而生态学与居室研究的结合也自然地要求建立生态居室。生态居室是生态城市的重要内容，也是21 世纪人类居室发展的必然趋势。

2. 社区生态功能圈

在社区包括与人关系比较密切的两种功能圈：居住区功能圈和工业区功能圈。

（1）居住区功能圈

家庭是组成社会的细胞。家庭生活的绝大部分是在住宅和居住区中度过的。因而，居住区可说是城市社会的"细胞群"。居住环境质量是人类生存质量的基础，也是影响城市可持续发展、居民身心健康的关键所在。居住区绿化是普遍绿化的重点，是城市人工生态平衡的重要一环。

（2）工业区功能圈

有着多种防护功能的工业区绿地是城市绿化建设的重要组成部分，不仅能改善被污染的环境，而且对城市的绿化覆盖率有举足轻重的影响。而绿地的面积、规模、结构、布局及植物种类直接影响各种生态效益能否充分有效地发挥。为了使工厂中宝贵的绿地发挥出最大的综合效益，首先必须对绿地进行周密的规划设计，对绿地的空间进行合理的艺术的布局，对绿地中的植物，进行科学的选择和配置。只有选择多种多样、各具特色的植物，在绿地中配合使用，才能实现绿化的多种综合效益。

（3）中心城区生态功能圈

中心城区生态功能圈是城市人口、产业最密集、经济最发达地区，也是生态环境最脆弱、环境污染最严重地区。中心城区是城市的主体，因而城市中心城区生态功能圈是城市生态环境建设的基础和重点，在维护整个生态平衡中具有特殊的地位和作用。其良好的生态环境是人类生存繁衍和社会经济发展的基础，是社会文明发达的标志。

（4）郊区生态功能圈

郊区生态功能圈位于城市人工环境和自然环境的交接处，是城市的"弹性"地带，为城市的城乡交错地带，属于生态脆弱带地区。在改善城区生态功能的重要环节中，除了通过旧城改造增加有限绿地措施外，更重要的是强化郊区辅助绿地系统建设，以改善城乡交错带市郊绿地系统的整体生态功能。

（5）郊县生态功能圈

对于城市生态绿化建设，郊县的绿化工程建设也是重要的组成部分。在城郊绿地的建设过程中，要根据周边地区主要风向、粉尘、风沙和工业烟尘的走向等有计划地进行规划设计，确定种植哪些树种、多少排、密度多少等重要问题，将城郊大范围地区建成与城内紧密相连的绿色森林，形成良好的城市生态大系统。

二、城市生态人工植物群落类型

（一）观赏型人工植物群落

观赏型人工植物群落是生态园林中植物利用和配置的一个重要类型，它选择有观赏价值、多功能性的植物，遵循风景美学原则，以植物造景为主要手段，科学设计、合理布局，用植物的体形、色彩、香气、风韵等构成一个有地方特色的景观。

在观赏型的种群和群落应用中，植物配置应按不同类型，组成功能不同的观赏区、娱乐区等植物空间；在植物的景色和季相上要求主调鲜明和丰富多彩，能充分体现出小环境与周围生态环境的不同氛围。

（二）环保型人工植物群落

环保型人工植物群落是以保护城市环境、减灾防灾、促进生态平衡为目的的植物群落。其主要是根据污染物的种类及群落功能要求，利用能吸收大多数污染物质及滞留粉尘的植物进行合理选择配置，形成有层次的群落，发挥净化空气的功能，使城市生态环境中形成多层次复杂的人工植物群落，为城市涤荡尘污，创造空气新鲜的环境。

（三）保健型人工植物群落

保健型人工植物群落是利用能促进人体健康的植物组成种群，合理配置植物，形成一定的植物生态结构，从而利用植物的有益分泌物质和挥发物质，达到增强人体健康、防病治病的目的。

保健型植物群落的意义在于当植物群落与人类活动相互作用时，可以产生增强体质、防止疾病或治疗疾病的功能。植物杀菌是植物保护自身的一种天然免疫因素。在公园、绿地、居民区，尤其是医院、保健区等医疗单位，应根据不同条件设计具有观赏价值的健身活动功能区域，将植物分别配置，创造医疗保健的场所，使绿地发挥综合功能，使居民增强体质，促进身心健康。

（四）科普知识型人工植物群落

科普知识型的种群和人工植物群落，是在公园、植物园、动物园、林场、风景名胜区中辟建，以保护物种和保护生态环境为目的的生态园林。园林植物的筛选，不仅要着眼于色彩丰富、花大重瓣的栽培品种，还应将濒危和珍稀的野生植物引入园内，以保护植物种质基因资源，将其作为基因库来逐步发展。这样做不仅丰富了景观，又保存与利用了种质资源，还能加强广大群众爱护植物、保护植物的意识，从而进一步提高做好城市绿化工作及生态工程建设的自觉性和积极性。

（五）生产型人工植物群落

在城市绿化中，还可以在近郊区或远郊县结合生态园林的建设，在不同的立地条件下，建设具有食用、药用及其他实用价值的植物组成的人工植物群落。发展具有经济价值的乔、灌、花、果、草、药和苗圃基地，并与环境协调，既满足了市场的需要，又能增加社会效益。

（六）文化环境型人工植物群落

在具有特定的文化环境如历史文化纪念意义的建筑物、历史遗迹、纪念性园林、风景名胜、古典园林和古树名木的场所等，要求通过各种植物的配置，创造相应的具有独特风格的，与文化环境氛围相协调的文化环境型人工植物群落。它能起到保护文物而且提高其观赏价值的作用，使人们产生各种主观感情与宏观环境之间的景观意识，引起共鸣和联想。

（七）综合型绿地的人工植物群落

综合型绿地的人工植物群落指建设公共绿地、街心花园等同时具有多种功能的人工植物群落。这种类型的绿地建设是以植物的观赏特性结合其适应性和改善环境的功能选用植物种类，可选用的园林植物种类最丰富，绝大部分的乡土园林植物和大量引种成功的园林植物都可适当地加以应用。

第四节　城市景观艺术设计指导思想、原则及生态化设计模式

在现代景观以人为本的思想指导下，结合现代生产生活的发展规律及需求，在更深层的基础上创造出更加适合现代的园林景观。更多地从使用者的角度出发，在尊重自然的前提下，创造出具有较强舒适性和活动性的园林景观。一方面要在建筑形式和空间规划方面有适宜的尺度和风格的考虑，居住环境上应体现对使用者的关怀；另一方面要对多年龄层的使用者加以关注，特别是适合老人和儿童的相应服务设施和精神空间环境，创造更多的积极空间，以满足大多数人的精神家园。

一、园林设计指导思想

（一）融入环境

园林景观依托于周围广阔的自然环境，贴近于自然，田园风光近在咫尺，有利于创造舒适、优美的景观。自然资源是这一区域最重要的景观优势，设计者应当充分维护自然，为利用自然和改造自然打好坚实的基础：（1）创造良好的生态系统；（2）园林景观与城市景观相互协调；（3）建立高效的园林景观。

（二）以人为本

人与自然之间的关系和不同土地利用之间关系的协调在现代景观设计中越来越重要，以人为本的原则更是重中之重。这一原则应深入园林景观设计当中：尊重自然，满足人的各种生理和心理要求，并使人在园林中的生活获得最大的活动性和舒适性。具体地说，要从两个层次入手：第一个层次是建筑造型上，应使人感到亲切舒服；空间设计上，尺度要适宜，能够充分体现设计者对使用者居住环境的关怀。第二个层次是园林景观设计不应该只考虑成年人，还应当更多地去考虑老人与儿童。增加相应的服务设施，使老人与儿童心理上得到满足的同时精神生活也更加丰富和多姿多彩，将空间设计成为所有人心目中的精神家园。

（三）营造特色

一个城市的园林景观树立一个良好形象的关键在于它拥有自己的特色。要达到这一要求，不能将景观要素简单地罗列在一起，而是应该总揽全局，有主有次，充分利用已有的景观要素，通过对当地环境、地理条件、经济条件、社会文化特征以及生活方式的了解，加入自己的构思，充分体现地方传统和空间特征（包括植物、建筑形式等地方特色），将其园林景观特色发挥得

淋漓尽致。

（四）公众参与

无论是古代中国的园林还是世界各地的园林景观，在其出现之初，公共参与就与之相伴。然而园林景观发展到现在，现代理念不断更新，公众参与却逐渐消失。对于园林景观的建设要努力创造条件，从当地的环境出发，创造出可以使居民对周围环境产生共鸣和认同感的园林景观，同时对居民的行为进行引导，提高公众参与的兴趣与意识。结合当地的民风民俗及人文景观，利用当地、政府、企事业单位的带头作用，激发园林景观的活力，形成公众参与的社会氛围。

（五）精心管理

靓丽的园林景观是一个发展中的动态美，要始终展现出一个较为完美的景观状态是一个比较复杂的生物系统工程，需要社会各界人士的广泛支持，更需要公众对其有意识地维护。特别是在大力投资建设之后，管护的作用就更加突显，要坚持"三分建设、七分管理"，特别要注重长期性、经常性维护。

二、园林设计的原则

（一）协调发展

耕地不多，可利用的土地紧张是我国现有土地的总体情况，合理利用土地是当务之急。在园林景观的设计建设中，首先要合理地选择园林景观用地，使园林景观有限的用地更好地发挥改善和美化环境的功能与作用；其次，在满足植物生长的前提下，要尽可能地利用不适宜建设和耕种的破碎地区，避免良田面积的占用。

园林景观用地规划是综合规划中的一部分，要与城市的整体规划相结合，与道路系统规划、公共建筑分布、功能区域划分相互配合协作，切实地将园林景观分布到城市之中，融合在整个城市的景观环境之中。例如，在布置工业区和居住区时，就要考虑到卫生防护需要的隔离林带布置；在规划河湖水系时，就要考虑水源涵养林带及城市通风绿带的设置；在规划居住区时，就要考虑居住区中公共绿地、游园的分布以及宅旁庭园绿化布置的可能性；在布置公共建筑时，就要考虑到绿化空间对街景变化、市容、市貌的作用；在道路管网规划时，要根据道路性质、宽度、朝向、地上地下管线位置等统筹安排，在满足交通功能的同时，要考虑到植物种植的位置与生长需要的良好条件。

（二）因地制宜

中国的国土面积广阔，跨越多个地理区域，囊括了众多的地理气候，拥有各色自然景观的同时也具有各自不同的自然条件。城市就星罗棋布在广阔的国土上。因而在城市的园林景观的设计中要根据各地的现实条件、绿化基础、地质特点、规划范围等因素，选择不同的绿地、布置方式、面积大小、定额指标，从实际需要和规范出发，创造出适合城市自身的景观，切忌生搬硬套，脱离实际的单纯追求形式。

（三）均衡分布

园林景观均衡分布在城市之中，在充分利用空间的基础上增加了新的功能。这种均衡的布局更方便公众的使用与参与，比较适合城市的建设。在建筑密度较低的区域可依据当地实际情况增加数量较少的具有一定功能性质的大面积城市绿地等，这些公共场所必将进一步提升城市的生活品质。

（四）分期建设

规划建设就是要充分满足当前城市发展及人民生活水平，更要制定出满足社会生产力不断发展所提出的更高要求的规划，还要能够创造性地预见未来发展的总趋势和要求。对未来的建设和发展做出合适的规划，并进行适时的调整。在规划中不能只追求当前利益，避免对未来的发展造成困难。在建设的同时更要注重建设过程中的过渡措施和整体资源利益。

（五）展现特色

地域性原则主要侧重的是城市的历史文化和具有乡土特色的景观要素等方面的问题。建筑是城市景观形象与地域特色的决定因素，原生态的建筑的形制、建筑群体的整体节奏以及所形成的城市整体面貌就是城市的主体景观形象的体现。创造具有地方特色的城市景观就是要在景观设计中保护和改造具有传统地方特色的建筑，以及由建筑组合形成的聚落、城市。

（六）注重文化

文化景观包括社会风俗、民族文化特色、人们的娱乐活动、广告影视以及居民的行为规范和精神理念。这是城市的气质、精神和灵魂。通常形象鲜明、个性突出、环境优美的城市景观需要有优越的地理条件和深厚的人文历史背景做依托。无论城市景观设计从何种角度展开，它必定是在一定的文化背景与观念的驱使下完成的，要解决的是城市的文化景观和景观要素的地域特色等方面的设计问题。因此，成功的景观设计，其文化内涵和艺术风格应当体现鲜明的地域特色、民俗与信仰。具有地域特色的历史文脉和乡土民俗文化是祖先留给我们的宝贵财富，在设计中应该尊重民俗，注重保护城市传统地方特色，并有机地融入现代文明，创造具有历史文化特色的、与环境和谐统一的新景观。

三、园林设计模式

（一）园林景观的形式与空间设计

1. 点——景观点

点是构成万事万物的基本单位，是一切形态的基础。点是景观中已经被标定的可见点，它在特定的环境烘托下，背景环境的高度、坡度及其构成关系的变化，使点的特性产生不同的情态。这些景观点通过不同的位置组合变化，形成聚与散的空间，起到界定领域的作用，成为独立的景点。具有标志性、识别性、生活性和历史性的城市入口绿地、道路节点、街头绿地及历史文化古迹等景点是城市园林景观规划设计中的重要因素。

2. 线 —— 景观带

景观中存在着大量的、不同类型和性质的线形形态要素。线有长短粗细之分，它是点不断延伸组合而成的。线在空间环境中是非常活跃的因素，有直线、曲线、折线、自由线，拥有各种不同的性格。如直线给人以静止、安定、严肃、上升、下落之感；斜线给人以不稳定、飞跃、反秩序、排他性之感；曲线具有节奏、跳跃、速度、流畅、个性之感；折线给人转折，变幻的导向感；而自由线即给人不安、焦虑、波动、柔软、舒畅之感。景观环境中对线的运用需要根据空间环境的功能特点与空间意图加以选择，避免视觉混乱。

3. 面 —— 景观面

从几何学上讲，面是线的不断重复与扩展。平面能给人空旷、延伸、平和的感受；曲面在景观的地面铺装及墙面的造型、台阶、路灯、设施的排列等方面广泛运用。

（1）矩形模式

在园林景观环境中，方形和矩形是较常见的组织形式。这种模式最易与中轴对称搭配，经常被用在要表现正统思想的基础性设计。矩形的形式尽管简单，它也能设计出一些不寻常的有趣空间，特别是把垂直因素引入其中，把二维空间变为三维空间以后。由台阶和墙体处理成的下陷和抬高的水平空间的变化，丰富了空间特性。

（2）三角形模式

三角形模式带有运动的趋势能给空间带来某种动感，随着水平方向的变化和三角形垂直元素的加入，这种动感会愈加强烈。

（3）圆形模式

圆是几何学中堪称最完美的图形，它的魅力在于它的简洁性、统一感和整体感。

4. 体 —— 景观造型

体属于三维空间，它表现出一定的体量感，随着角度的变化而表现出不同的形态，给人以不同的感受。它能体现其重量感和力度感，因此它的方向性又赋予本身不同的表情，如庄重、严肃、厚重、实力等。另外，体还常与点、线、面组合构成形态空间。对于景观点、线、面上有形景观的尺度、造型、竖向、标高等进行组织和设计。在尺度上，大到一个广场、一块公共绿地，小到一个花坛或景观小品，都应结合周围整体环境从三维空间的角度来确定其长、宽、高。如座椅要以人的行为尺度来确定，而雕塑、喷泉、假山等则应以整个周围的空间以及功能、视觉艺术的需要来确定其尺度。

5. 园林景观设计的布局形态

（1）轴线

轴线通常用来控制区域整体景观的设计与规划，轴线的交叉处通常有着较为重要的景观点。轴线体现严整和庄严感，皇家园林的宫殿建筑多采用这种布局形式。北京故宫的整体规划严格地遵循一条自南向北的中轴线，在东西两侧分布的各殿宇分别对称于中轴线两侧。

（2）核

单一、清晰、明确的中心布局具有古典主义的特征，重点突出、等级明确、均衡稳定。在当代建筑景观与城市景观中，多中心的布局形式已经越发常见。

（3）群

建筑单体的聚集在景观中形成"群"，体现的是建筑与景观的结合。基本形态要素直接影响"群"的范围、布局形态、边界形式以及空间特性。

（4）自然的布局形态

景观环境与自然联系的强弱程度取决于设计的方法和场地固有的条件。

城市园林景观设计是重新认识自然的基本过程，也是人类最低程度地影响生态环境的行为。人工的控制物，如水泵、循环水闸和灌溉系统，也能在城市环境中创造出自然的景观。这需要设计时更多地关注自然材料如植物、水、岩石等的使用，并以自然界的存在方式进行布置。

6. 园林景观设计的分区设计

（1）景观元素的提取

城市园林景观应充分展现其不同于城市景观的特征，从乡村园林景观、自然景观中提取设计元素。城市独具特色的景观资源是园林景观设计的源泉。城市园林景观设计从乡村文化中寻找某些元素，以非物质性空间为设计的切入点，再将它结合到园林规划设计中，创造新的生命力与活力。景观元素可以是一种抽象符号的表达，也可以是一种意境的塑造，它是对现代多元文化的一种全新的理解。在现代景观需求的基础上，强化传统地域文化，以继承求创新。

城市园林景观元素的来源既包括自然景观，也包括生活景观、生产景观，这些传统的、当地的生活方式与民俗风情是园林景观文化内涵展现的关键要素。城市园林景观的形式与空间设计恰恰是从当地的景观中提炼元素，以现代的设计手段创造出符合人们使用需求的景观空间，来承载城市人群的生活与生产活动。

（2）景观形式的组织

城市的园林景观具有很强的地域表象，如起伏的山峦、开阔的湖面、纵横密布的河流和一望无际的麦田等等，这些独特的元素形成的肌理是重要的形式设计来源。在这些当地传统的自然与人文景观肌理、形态基础上，城市园林景观设计以抽象或隐喻的手法实现形式的拓展。

（二）园林景观意境拓展

1. 中国传统造园艺术

（1）如诗如画的意境创作

中国传统山水城市的构筑不仅注重对自然山水的保护利用，而且将历史中经典的诗词歌赋、散文游记和民间的神话传说、历史事件附着在山水之上，借山水之形，构山水之意，使山水形神兼备，成为人类文明的一种载体；并使自然山水融文明之中，使之具有更大的景观价值。中国传统山水城市潜在的朴素生态思想至今值得探究、学习、借鉴。

①"情理"与"情景"结合

在中国传统城市意境创造过程中，"效天法地"一直是意境创造的主旨。同时也有"天道必赖人成"的观念，其意是指：自然天道必须与人道合意，意境才能生成。"人道"可用"情"和"理"来概括。在城市园林景观中，"情"是指城市意境创造的主体——人的主观构思和精神追求；"理"是指城市发展的人文因素，如城市发展的历史过程，社会特征、文化脉络、民族特色等规律性因素。

②对环境要素的提炼与升华

在城市园林景观的总体构思中，应对城市自然和人文生态环境要素细致深入地分析，不仅要借助具体的山、水、绿化、建筑、空间等要素及其组合作为表现手法；而且要在深刻理解城市特定背景条件的基础上，深化景观艺术的内涵，对环境要素加以提炼、升华和再创造，营造蕴含丰富意境的"环境"，建立景观的独特性，使之反映出应有的文化内涵、民族性格以及岁月的积淀、地域的分野，使其成为城市环境的核心内容，使美的道德风尚、美的历史传统、美的文化教育、美的风土人情与美的城市园林景观环境融为一体。

③景观美学意境的解读和意会

城市景观的人文含义与意境的解读和意会，不仅需要全民文化水准和审美情趣的提高，还需要设计师深刻理解地域景观的特质和内涵，提高自身的艺术修养和设计水平，把握城市景观的审美心理，把握从"形"的欣赏到"意"的寄托的层次性和差异性，并与专门的审美经验和文化素养相结合，创造出反映大多数人心理意向的城市景观，以沟通不同文化阶层的审美情趣，成为积聚艺术感染力的景观文化。

（2）理想的居住环境应和谐有情趣

一般而言，能够满足安全安宁、空气清新、环境安静、交通与交往便利，较高的绿化率、院景及街景美观等要求，就是很好的居住环境。但这离"诗意地居住"尚有一定的距离。"诗意地居住"的环境大体上应满足如下要求：

一是背坡临水、负阴抱阳。这是诗意栖居者基本的生态需求。背坡而居，有利于阻挡北来的寒流，便于采光和取暖。临水而居，在过去便于取水、浇灌和交通，现在它更重要的是风景美的重要组成。当代都市由于有集中供暖和使用自来水，似乎不背坡临水也无大碍，但从景观美学上考察，无山不秀、无水不灵，理想的居住环境还是要有山有水的。从生态学意义上看，背坡临水、负阴抱阳处，有良好的自然生态景观，适宜的照度、大气温度、相对湿度、气流速度、安静的声学环境以及充足的氧气等。在山水相依处居住，透过窗户可引风景进屋。

二是除祸纳福、趋吉避凶。由于中国传统文化根深蒂固的影响，这两点依然是今天人们选择居所时的基本心理需求。住宅几乎关系到人的一生，至少与人们的日常生活密切相关。因此住宅所处的地势、方位朝向、建筑格局、周边环境应能满足"吉祥如意"的心理需求。

三是内适外和，温馨有情。这是诗意地居住者精神层面的需求。人是社会的人，同时又是个体的人，有空间的公共性和空间的私密性、领域性需求。很显然，如果两幢房子相距太近，对面楼上的人能把房间里的活动看得一清二楚，就侵犯了人们的私密性和领域感，会倍感不适，难以"诗意地居住"。但如果居住环境周围很难看到一个人，也同样会有不适感。鉴于人的这种需求特点，除楼间距要适宜外，居所周围也应有足够的、相对封闭的公共空间供住户散步、小憩、驻足、游戏和社交。公共空间尺度要适宜，适当点缀雕塑、凉亭、观赏石等小品，使交往空间更富有人情味，体现出温馨的集聚力。

四是景观和谐，内涵丰富。这是诗意地居住者基本的文化需求。良好的居住环境周围应富有浓郁的人文气息。周边有民风淳朴的村落、精美的雕塑、碧绿的草坪、生机盎然的小树林是居住的佳地。极端不和谐的例子是别墅区内很精美，周围却是垃圾填埋场；或者一边是洋房，一边是冒着黑烟的大工厂。只有环境安宁、景观和谐、文化内涵丰厚的环境，才能给人以和谐感、秩序感、韵律感和归属感、亲切感，才能真正找到"山随宴座图画出，水作夜窗风雨来"的诗情画意。

（3）建设充满诗意的园林社区

如何适应现代人的居住景观需求，建设富有特色的城市景观，开发人与环境和谐统一的住宅社区是摆在设计师面前的重要课题。由于涉及的技术细节是多方面的，这里仅谈几点建议：

其一，将建设"花园城市""山水城市""生态城市"作为城市建设和社区开发的重要目标。没有良好的城市大环境，"诗意地居住"将会"皮之不存，毛将焉附"。因此，在建设实践中要高度重视建筑与自然环境的协调，使之在形式上、色彩运用上既统一，又有差别。在城市开发建设中不能单纯地追求用地大范围，建设高标准，不能忽视城市绿地、林荫道的建设，至于挤占原有的广场、绿化用地的做法更应力避之。还要注意城市景观道路的建设，如道路景观、建筑景观、绿化景观、交通景观、户外广告景观、夜景灯光景观等。景观道路虽是静态景观，但若以审美对象而言，随着欣赏角度的变化，人坐在车上像看电影一样，它又是动态的。

其二，在城市建设或住宅开发中注意对原有自然景观的保护和新景观的营建。有人误以为自然景观都是石头、树木，没什么好看的，只有多搞一些人工建筑才能增加环境美。因此，在建设中不注意对原有山水和自然环境的保护，放炮开山，大兴土木，撕掉了青山绿衣，抽去了绿水之液，弄得原有的青山千疮百孔。有很多城市市内本不乏溪流，甚至本身就是建在江畔、湖滨、海边，可走遍城市却难以找到一处可供停下来观赏水景的地方。有很多城市依山建城，或城中本来有小山，但山已被楼宇房舍包围。这些都是应注意纠正的问题。

其三，建设富有人情味的园林型居住社区。所谓建设园林型社区，就是要吸收中国古典园林的设计思想，在楼宇的基址选择、排列组合、建筑布局、体形效果、空间分隔、入口处理、回廊安排、内庭设计、小品点缀等方面做到有机地统一，或在住宅社区规划中预留足够的空间建设园林景观，使居住者走入小区就可见园中有景，景中有人，人与景合，景因人异。在符合现状条件的情况下，可在山际安亭，水边留矶，使人亭中迎风待月，槛前细数游鱼，使小区内花影、树影、云影、水影、风声、水声、无形之景、有形之景交织成趣。在社区中心应有足够的社区公共交往空间，可以建绿地花园，也可以设置富有乡土气息的井台、戏台、鼓楼，或以自然景观为主题的空间。小区内的道路除供车辆出行所必需外，应尽可能铺一些鹅卵石小路，形成"曲径通幽"的效果。住宅底层的庭园或入口花园也可以考虑用栅栏篱笆、勾藤满架来美化环境，使居住环境更别致典雅。

其四，充分运用景观学和生态学的思想，建设宜人的家居环境。现代的住宅环境全部要求居住之所依山临水不大现实，但住宅新区开发中应吸收景观生态学的基本思想，建设景观型住宅或生态型住宅。可在建房时注意形式美和视觉上的和谐，注意风景予人心理上和精神上的感受，并使自然美与人工美结合起来。注意不要重复千篇一律的"火柴盒""兵营"式的建筑，应充分运用生态学原理和方法，尽量使建筑风格多样化，富有人情味，使整个居住环境生机盎然。

2. 乡村园林的自然属性

（1）山谷平川

地壳的变化造成地形的起伏，千变万化的起伏现象赋予地球千姿百态的面貌。在城市景观的创作中，利用好山势和地形是很有意思的。当山城相依时，城市建筑就应很好地结合地形变化，利用地形的高差变化创造出别具特色的景观。这就要求建筑物的体量和高度与山体相协调，使之与山地的自然面貌浑然一体。

（2）江河湖海

山有水则活，城市中有水则顿增开阔、舒畅之感。不论是江河湖泊，还是潭池溪涧，在城市中都可以被用作创造城市景观的自然资源。当水作为城市的自然边界时，需要十分小心地利用它来塑造城市的形象。精心控制界面建筑群的天际轮廓线，协调建筑物的体量、造型、形式和色彩，将其作为显示城市面貌的"橱窗"。当利用水面进行借景时，要注意城市与水体之间的关系作用。自然水面的大小决定了周围建筑物的尺度；反之，建筑物的尺度影响到水体的环境。当借助水体造景时，须慎重考虑选用。水面造景要与城市的水系相通，最好的办法就是利用自然水体来造景而不是选择非自然水来造景。如我国江南的许多城市，河与街道两旁的房屋相互依偎。有的紧靠河边的过街门楼似乎伸进水中，人们穿过一个又一个的拱形门洞时，步移景异，妙趣横生。此外，也可以充分利用城市中的水流，在沿岸种植花卉苗木，营造"花红柳绿"的自然景观。

（3）植物

很多城市或毗邻树林，或有良好的绿带环绕，这些绿色生命给人们带来的不仅仅是气候的改善，还有心理上的满足。从大的方面来讲，带状的防护林网是中国大地景观的一大特色；在城市园林景观设计过程中，可以把这些防护林网保留并纳入城市绿地系统规划中。对于沿河林带，在河道两侧留出足够宽的用地，保护原有河谷绿地走廊，将防洪堤向两侧退后或设两道堤，使之在正常年份，河谷走廊可以成为市民休闲的沿河绿地；对于沿路林带，当要解决交通问题时，可将原有较窄的道路改为步行道和自行车专用道，而在两林带之间的地带另辟城市交通性道路。此外由于城市中建设用地相对宽裕，在当地居民的门前屋后还常常种植经济作物，到了一定季节，花开满院、挂果满枝，带来了具有生活气息的独特景观。

3. 园林景观的文化传承

快速的城市化脚步已将城市的灵魂——城市文化远远地甩在了奔跑的身影之后。在这个景观空间已经由生产资料转化为生产力的时代，又有哪个城市会为传统文化中的"七夕乞巧""中秋赏月""重阳登高"等人文活动留下一点点空间？创造新的城市景观空间成了一种追求，为了更快、更高、更炫，可以毫不犹豫地遗弃过去。但城市的过去不应只是记忆，它更应该成为今日生存的基础、明日发展的价值所在。无疑，传统文化符合这样的判断，它是历史，值得关注，但更应该依托今天的城市园林景观，并不断发展并传承下去。

4. 城市园林景观的适应性

在当今城市园林景观发展中拓展其适应性，并使之成为维系景观空间与文化传承之间的重要纽带，也是避免因城市空间的物质性与文化性各自游离甚至相悖而造成园林景观文化失谐现象的有效措施。通过梳理城市的文化传承脉络，重拾传统文化中"有容乃大"的精神内涵，创造博大的文化底蕴空间以减轻来自物质基础的震荡，建立柔性文化适应性体系，进而催化出新的城市文化，是从根本上消融城市园林景观文化失谐现象的有效途径。同时，这也是提高城市文化抵御全球化冲击的能力，使之融于城市现代化进程中得以传承并发展的必要保证。

传统文化中"海纳百川"的包容性、适应性精神也构成了中国传统城市园林景观设计理念的重要核心，以"空"的哲学思辨作为营建空间的指导思想是最具有价值的观念。城市园林景观设计及管理中缺少对文化的传承，应该重新审视设计中对于不同的气候、土壤等外界条件的适应性考虑，加大对于人的行为、心理因素等内在需求的适应性探索，最重要的是对于城市园林景观设计中"空"的本质理念的回归。"空"是产生城市园林景观功能性的基础，是赋予景观空间生活意义的舞台，更是激发人们在城市中进行人文景观再创作热情的行动宣言。

第五节 城市景观绿化工程生态化应用设计

每个城市都有自己特定的地理环境、历史文化、乡土风情，特定的地理环境以及人对环境的适应和利用方式，形成了特定的文化形态，从而对城市的风景园林建设与发展起着重要的作用。

一、中心城区绿化工程生态应用设计

（一）中心城区生态园林绿地系统人工植物群落的构建

1. 城市人工植物群落的建立与生态环境的关系

植物群落是一定地段上生存的多种植物的组合，是由不同种类的植物组成，并有一定的结构和生产量，构成一定的相互关系。建立城市人工植物群落要符合园林本身生态系统的规律。城市园林本身也是一个生态系统，是在园林空间范围内，绿色植物、人类、益虫害虫、土壤微生物等生物成分与水、气、土、光、热、路面、园林建筑等非生物成分以能量流动和物质循环为纽带构成的相互依存、相互作用的功能单元。在这一功能单元中，植物群落是基础，它具有自我调节能力，这种自我调节能力产生于植物种间的内稳定机制，内稳定机制对环境因子的干扰可以通过自身调节，使之达到新的稳定与平衡。这就是我们提倡建立城市人工植物群落的主要依据。

在园林绿地建设中，我们应该重视以生态学原理为指导的园林设计和自然生物群落的建立。创造人工植物群落，要求在植物配置上按照不同配置类型组成功能不同、景观异趣的植物空间，使植物的景色和季相千变万化，主调鲜明，丰富多彩。

2. 城市人工植物群落构建技术

城市人工植物群落构建技术主要包括：（1）遵循因地制宜、适地适树的原则，建设稳定的人工植物群落。（2）以乡土树种为主，与外来树种相结合，实现生物多样化和种群稳定性。（3）以乔木树种为主，灌、花、草、藤并举，建立稳定而多样化的复层结构的人工植物群落。（4）在人工植物群落中要合理安排各类树种及比例。（5）突出市花市树，反映城市地方特色风貌。（6）注意特色表现。（7）高大荫浓与美化、香化相结合。（8）注意人工植物群落内种间、种群关系，趋利抑弊，合理搭配。（9）尽量选择经济价值较高的树种。

（二）城市街道绿化

街道人工植物群落，主要包括市区内一类、二类、三类街道两旁绿化和中间分车带的绿化。其目的是给城市居民创造安全、愉快、舒适、优美和卫生的生活环境。在市区内组成一个完整的绿地系统网，不仅给市区居民提供一个良好生活环境，道路绿化还有保护路面，使其免遭烈日暴晒，延长道路使用寿命的作用；还能组织交通，保证行驶安全；还有美化街景，烘托城市建筑艺术，同时也可利用街道绿化隐蔽有碍观瞻的地段和建筑，使城市面貌显得更加整洁生动、活泼优美。

（三）行道树选择

1. 行道树选择原则

（1）应以成荫快、树冠大的树种为主；（2）在绿化带中应选择兼有观赏和遮阴功能的树种；（3）城市出入口和广场应选择能体现地方特色的树种为主，它是展示城市绿化、美化水平的一个非常重要的窗口，关系到我们的城市形象，所以必须给它们确立一个鲜明而富有特色的主题；（4）乔灌草结合的原则。

2. 行道树树种的运用对策

（1）突出城市的基调树种，形成独特的城市绿化风格。（2）树种运用必须符合城市园林的可持续发展原则。（3）注重景观效果，形成多姿多彩的园林绿化景观。（4）尽量减少行道树的迁移，提倡在新建区或改造区路段植小树。（5）完善配套设施，改变行道树的生长环境。行道树的生长条件相对较差，除了尽量避免各种电线、管道，选择抗瘠薄、耐修剪的行道树种外，还应完善配套设施，努力改善行道树的生长环境。（6）建立行道树备用苗基地，按标准进行补植。备用苗基地中的树木与行道树基本同龄，这样就为使用相近规格的植苗进行补植提供了保障。一方面可以提高种植苗成活率，另一方面又可避免补植时因没有合适的苗木而补植其他树种或规格相差很大的树苗。

（四）城市垂直绿化与屋顶绿化

1. 垂直绿化

垂直绿化（又称立体绿化、攀缘绿化或竖向绿化），是利用植物攀附和缠绕的特性在墙面、阳台、棚架、亭廊、石坡、临街围栅、篱架、立交桥等处进行绿化的形式。由于这种绿化形式多数是向物体垂直立面发展的，故称垂直绿化。垂直绿化的主要形式有：墙体绿化、阳台和窗台绿化、架廊绿化、篱笆与栅栏绿化和立交桥绿化等。

垂直绿化是在城市建成区平面绿地面积无法再扩大的情况下有效增加城市绿化面积，改善城市生态环境、美化城市景观的重要方法。垂直绿化占地少，绿化效果大，又能达到美化环境的目的，促进、维护良好的生态环境。垂直绿化可以利用攀缘、下垂、缠绕等性质的植物来装饰建筑物，增加外貌美观，也可以掩饰其简陋的部分（如厕所、棚屋、破旧的围墙等）。因此在建筑密集的城市里的机关、学校、医院、工厂、居住区、街道两侧进行垂直绿化，具有现实意义。

2. 屋顶绿化（屋顶花园）

屋顶绿化是指植物栽植或摆放于平屋顶的一种绿化形式。从一般意义上讲，屋顶花园是指在一切建筑物、构筑物的顶部、天台、露台之上进行的绿化装饰及造园活动的总称。它是人们根据屋顶的结构特点及屋顶上的生境条件，选择生态习性与之相适应的植物材料，通过一定的技术艺法，达到丰富园林景观的一种形式。它是在一般绿化的基础上，进行园林式的小游园建设，为人们提供观光、休息、纳凉的场所。绿化屋顶不单单是为居民提供另一个休息的场所，对一个城市来说，它更是保护生态、调节气候、净化空气、遮阴覆盖、降低室温的一项重要措施，也是美化城市的一种办法。屋顶花园可以广泛地理解为在各类古今建筑物、构筑物、城围、桥梁等的屋顶、露台、天台、阳台或大型人工假山山体上进行造园、种植树木花卉。它在改善城市生态环境，增加城市绿化面积，美化城市立体景观，缓解人们紧张情绪，改变局部小气候环境等方面起着重要的作用。因此，利用建筑物顶层，拓展绿色空间，具有极重要的现实意义。

二、社区绿化工程生态应用设计

（一）居住区绿化

1. 城市居住区绿化存在的问题

随着城市现代化进程，居住区的规划建设进入新的阶段，居住区的绿化工作也面临新的课题：（1）居住区绿地水平低，未达到国家规定的标准；（2）部分居住区绿化不够完善；（3）居住绿化建设未能"因地制宜"，绿化设计缺乏特色；（4）过分强调草坪绿化；（5）居住区环境绿地利用率低；（6）未能针对环境功能开展绿化。

2. 居住区绿化植物选择与配置

由于居民每天大部分时间在居住区中度过，所以居住区绿化的功能、植物配置等不同于其他公共绿地。居住区的绿化要把生态环境效果放在第一位，最大限度地发挥植物改善和美化环境的功能，具体包括：（1）以乡土树种为主，突出地方特色；（2）发挥良好的生态效益；（3）考虑季相和景观的变化，乔灌草有机结合；（4）以乔木为主，种植形式多样且灵活；（5）选择易管理的树种；（6）提倡发展垂直绿化；（7）注意安全卫生；（8）注意不影响建筑物的通风、采光，并与地下管网有适当的距离；（9）注意植物生长的生态环境，适地种树。

3. 居住区的绿化规划与设计

（1）居住区园林绿地规划

居住区园林绿地规划一般分为：道路绿化、小型的公共绿地规划及住宅楼间绿地规划。

（2）居住区绿化设计

居住区绿化的好坏直接关系到居住区内的温度、湿度、空气含氧量等指标。因此，要利用树木花草形成良好生态结构，努力提高绿地率，达到新居住区绿地率不低于30%，旧居住区改造不宜低于25%的指标，创造良好的生态环境。

（二）工业区绿化

1. 厂区绿化植物的选择

工厂绿化植物的选择，不仅与一般城市绿化植物有共同的要求，又有其特殊要求。要根据工厂具体情况，科学地选择树种，选择具有抵抗各种不良环境条件能力（如抗病虫害，抗污染物以及抗涝、抗旱、抗盐碱等）的植物，这是绿化成败的关键。不论是乡土树种，还是外来树种，在有污染的工厂环境中，都有一个能否适应的问题。即使是乡土树种，未经试用，也不能大量移入厂区。不同性质的工矿区，排放物不同，污染程度不同；就是在同一工厂内，车间工种不同，对绿化植物的选择要求也有差异。为取得较好的绿化效果，根据企业生产特点和地理位置，要选择抗污染、防火、降低噪声与粉尘、吸收有害气体、抗逆性强的植物。

2. 厂区绿化布局

依据厂区内的功能分区，合理布局绿地，形成网络化的绿地系统。工厂绿地在建设过程中应贯彻生态性和系统性原则，构建绿色生态网络。合理规划，充分利用厂区内的道路、河流、输电线路，形成绿色廊道，形成网络状的系统格局，增加各个斑块绿地间的连通性，为物种的迁移、昆虫及野生动物提供绿色通道，保护物种的多样性，以利于绿地网络生态系统的形成。

工厂在规划设计时，一般都有较为明显的功能分区，如原料堆场、生产加工区、行政办公及生活区。各功能区环境质量及污染类型均有所不同。另外，在生产流程的各个环节，不同车间排放的污染物种类也有差异。因此，必须根据厂区内的功能分区，合理布局绿地，以满足不同的功能要求。例如，在生产车间周围，污染物相对集中，绿地应以吸污能力强的乔木为主，建造层次丰富、有一定面积的片林。办公楼和生活区污染程度较轻，在绿地规划时，以满足人群对景观美感和接近自然的愿望为主，配置树群、草坪、花坛、绿篱，营造季相色彩丰富、富有节奏和韵律的绿地景观，为职工在紧张枯燥的工作之余，提供一处清静幽雅的休闲之地，有利于身心健康。

三、居室绿化工程生态应用设计

（一）居室污染

1. 居室污染特点

（1）空气污染物由室外进入室内后其浓度大幅度递减。（2）当室内也存在同类污染物的发生源时，其室内浓度比室外的高。（3）室内存在一些室外没有或量很少的独特的污染物，如甲醛、石棉、氧及其他挥发性有机污染物。（4）室内污染物种类繁多，危害严重的只有几十种，它们可分为化学性物质、放射性物质和生物性物质三类。

2. 居室污染来源

（1）居室空气污染

①居民烹调、取暖所用燃料的燃烧产物是室内空气污染的主要来源之一。②吸烟也是造成居室空气污染的重要因素。③家具、装修装饰材料、地毯等。④人体污染。人体本身也是一个重要污染来源，人体代谢过程中能散发出几百种气溶胶和化学物质。⑤通过室内用具如被褥、毛毯和地毯而滋生的尘螨等各种微生物污染。⑥室外工业及交通排放的污染物通过门窗、空调等设施及换气的机会进入室内，如粉尘、二氧化硫等工业废气。

（2）居室噪声污染

室内噪声污染也危害人们的健康。室外传入室内的工业、交通、娱乐生活噪声等以及室内给排水噪音、各种家用电器使用的噪声等。

（3）居室辐射污染

各种家电通电工作时可产生电磁波和射线辐射，造成室内污染。由于使用家用电器和某些办公用具导致的微波电磁辐射和臭氧。其中微波电磁辐射可引起头晕、头痛、乏力以及神经衰弱和白细胞减少等，甚至可损害生殖系统。

（二）居室污染危害症状

1. 新居综合征

一些人住进刚落成的新居不久，往往会有头痛、头晕、流涕、失眠、乏力、关节痛和食欲减退等症状，医学上称为"新居综合征"。这是因为新房在建筑时所用的水泥、石灰、涂料、三合板及塑料等材料都含有一些对人体健康有害的物质，如甲醛、苯、铅、石棉、聚乙烯和三氯乙烯等。这些有毒物质可通过皮肤和呼吸道的吸收侵入人体血液，影响肌体免疫力，有些挥发性化学物质还有致癌危害。

2. 空调综合征（又称"现代居室综合征"）

长时间使用空调的房间，受污染的程度更大。因为在使用空调的房间里，大多数门窗紧闭，室内已污染的空气往往被循环使用，加之现代人生活节奏加快，脑力消耗大，室内氧气无法满足人体健康的需要。同时大气污染造成了氧资源的缺乏，加之室内煤气灶、热水器、冰箱等家电与人争夺氧气，也使人很容易出现缺氧症状，给身体健康带来危害。

（三）室内防污植物的研究与选择

1. 室内防污植物选择的原则

（1）针对性原则。针对室内空气品质而选择防污植物。（2）多功能原则。即该植物防污范围较广或种类较多。（3）强功能原则。可以使有限空间的植物完成净化任务。（4）适应性原则。即所选植物适合室内生长并发挥净化功能。（5）充分可利用性原则。（6）自身防污染原则。

2. 室内防污植物选择

花草植物之所以能够治理室内污染，其机理是：化学污染物是由花草植物叶片背面的微孔道吸收进入花草体内的，与花卉根部共生的微生物则能有效地分解污染物，并被根部吸收。根据科学家多年研究的结果，在室内养不同的花草植物，可以防止乃至消除室内不同的化学污染物质。特别是一些叶片硕大的观叶植物，如虎尾兰、龟背竹、一叶兰等，能吸收建筑物内目前已知的多种有害气体的 80% 以上，是当之无愧的治污能手。

四、市郊绿化工程生态应用设计

（一）环城林带

环城林带主要分布于城市外环线和郊区城市的环线，从生态学而言，这是城区与农村两大生态系统直接发生作用的界面，主要生态功能是阻滞灰尘，吸收和净化工业废气与汽车废气，遏制城外污染空气对城内的侵害，也能将城内的工业废气、汽车排放的气体，如二氧化碳、二氧化硫、氟化氢等吸收转化，故环城林带可起到空气过滤与净化的作用。因而环城林带的树种应注意选择具有抗二氧化硫、氟化氢、一氧化碳和烟尘的功能。

（二）市郊风景区及森林公园

森林公园的建设是城市林业的主要组成部分，在城市近郊兴建若干森林公园，能改善城市的生态环境，维持生态平衡，调节空气的湿度、温度和风速、净化空气，使清新的空气输向城区，能提高城市的环境质量，增进人们的身体健康。

在大环境防护林体系基础上，进一步提高绿化美化的档次。重点区域景区以及相应的功能区，要创造不同景观特色。因此树种选择力求丰富，力求各景区重点突出；群落景观特征明显，要与大环境绿化互为补充，相得益彰。乔木重点选择大花树种和季相显著的种类，侧重花灌木、草花、地被选择。

（三）郊区绿地和隔离绿地

在近郊与各中心副城、组团之间建立较宽绿化隔离带，避免副城对城市环境造成的负面影响，避免城市"摊大饼"式发展，形成市郊的绿色生态环，成为向城市输送新鲜空气的基地。

市郊绿化工程应用的园林植物应是抗性强、养护管理粗放、具有较强抗污染和吸收污染能力，同时有一定经济应用价值的乡土树种。有条件的地段，在作为群落上层木的乔木类中，适当注意用材、经济植物的应用；中层木的灌木类植物中，可选用药用植物、经济植物；而群落下层，宜选用乡土地被植物，既可丰富群落的物种、丰富景观形成乡村野趣，也可降低绿化造价和养护管理的投入。

五、郊县绿化工程生态应用设计

（一）城市生态园林郊县绿化工程生态应用设计的布局构想

1. 生态公益林（防护林）

生态公益林（防护林）包括沿海防护林、水源涵养林、农田林网、护路护岸林。依据不同的防护功能选择不同的树种，营建不同的森林植被群落。

2. 生态景观林

生态景观林是依地貌和经济特点而发展的森林景观。在树种的构成上，应突出物种的多样性，以形成色彩丰富的景观，为人们提供休闲、游憩、健身活动的好场所。海岛片林的营造应当选用耐水湿、抗盐碱的树种，同时注意恢复与保持原有的植被类型。

3. 果树经济林

郊县农村以发展经济作物林和乡土树种为主，利用农田、山坡、沟道、河岔发展果林、材林及其他经济作物林，既改善环境又增加了收入。要发展农林复合生态技术，根据生态学的物种相生相克原理，建立有效的植保型生态工程，保护天敌，减少虫口密度。

4. 特种用途林

因某种特殊经济需要，如为生产药材、香料、油料、纸浆之需而营造的林地或用于培育优质苗木、花卉品种以及物种基因保存为主的基地，也属于这一类型。

（二）植物的配置原则

1. 生态效益优先的原则

最大限度地发挥对环境的改善能力，并把其作为选择城市绿地植物时首要考虑的条件。

2. 乡土树种优先的原则

乡土植物是最适应本地区环境并生长能力强的种类，品种的选择及配植尽可能地符合本地域的自然条件，即以乡土树种为主，充分反映当地风光特色。

3. 绿量值高的树种优先原则

单纯草地无论从厚度和林相都显得脆弱和单调，而乔木具有最大的生物量和绿量，可选择本区域特有的姿态优美的乔木作为孤植树充实草地。

4. 灌草结合，适地适树的原则

大面积的草地或片植灌木，无论从厚度和林相都显得脆弱和单调，所以，土层较薄不适宜种植深根性的高大乔木时，需采取种植草坪和灌木的灌草模式。

5. 混交林优于纯林的原则

稀疏和单纯种植一种植物的绿地，植物群落结构单一，不稳定，容易发生病虫害，其生物量及综合生态效能是比较低的。为此，适量地增加阔叶树的种类，最好根据对光的适应性进行针阔混交林类型配置。

6. 美化景观和谐原则

草地的植物配置一定要突出自然，层次要丰富，线条要随意，色块的布置要注意与土地、层次的衔接，视觉上的柔和等问题。

第五章 公共环境艺术设计与生态化

第一节 公共艺术空间环境

公共艺术空间环境是指公共艺术创作与实施的客观外部环境，即地域自然环境与地域社会环境，公共艺术应当反映作品所在地的地域自然环境与社会环境特征，其创作实施必然受作品所在地的自然环境与社会环境的影响，并由此而综合形成公共艺术的地域个性。

一、地域自然环境

地域自然环境包括地理区位与地理环境，是公共艺术外部因素中的基础因素，是公共艺术产生和发展的自然基础。地域自然环境是在很长时间内逐渐形成的相对稳定的因素，并间接地作用于地域社会环境的形成过程。公共艺术创作的内容应反映地域自然风貌，创作所选材料、所用形式，运输、安装、维修方法等均要考虑地域气候与地域产材。城市是一个人造的自然环境，属于大自然的一部分，无法脱离整体生态系统而独立存在，因此，在城市中进行公共艺术创作与实施，应按照自然美的规律再造自然，倘若背弃自然的原则，就会破坏自然环境的原生形态，必将遭到自然的惩罚。

（一）地理区位

地理区位是公共艺术空间环境因素中一个不可变的因素，但在不同的时代，其作用会发生变化。地理区位是同地理位置有联系又有区别的概念，区位一词除解释为空间内的位置以外，还有布置和为特定目的而联系的地区两重意义，所以，区位的概念与区域是密切相关的，并含有被设计的内涵。区位中的点、线、面要素，具有地理坐标上的确定位置，如河川汇流点和居民点，海岸线和交通线，流域和城市吸引范围等，一个区域，是由点、线、面等区位要素结合而成的地理实体的组合。

（二）地理环境

地理环境是社会历史存在与发展的决定性因素之一，也是公共艺术产生与发展的必要条件，任何公共艺术都在一定的地理环境中存在并受其制约和影响。作为具有创造性思维的人，不可避免地会受到所在国家、社会、民族的地理环境的影响，实际上，纯粹抽象的城市公共空间并不存在，每一个城市公共空间最终都要与不同的社会活动结合，产生不同的场所，即公共场所。每一个场所又形成了不同的场所精神，场所大致有五种：政治性场所，文化公共场所，商业公共场所，一般性公共场所和娱乐休闲性公共场所。这些场所的性质、职能决定了公共空间的性质和职能，也决定了场所精神。

二、地域社会环境

（一）经济规律

公共艺术属于物质社会的一部分，如果没有经济的投入，公共艺术的创作与实施不可能进行。经济繁荣、社会进步是公共艺术发生的物质基础，现代公共艺术活动是社会活动的一部分，担负着具体的社会实用功能。

（二）科学技术

社会物质文化的产生、形成与发展，每一步都离不开物质技术手段在生产、生活中的应用。人类开发利用自然资源的技术水平与观念是地域自然环境变迁的主要原因之一，由此引起地域社会环境其他因素如政治、经济等的变动，对文化艺术意识及状态产生影响。而公共艺术从设计到实施必须考虑工程技术的实施可行性，公共艺术制作、运输、安装、维修等具体实施的每个环节，必定与其相关的技术发生关系。中国当代最具代表性的四座公共性建筑——鸟巢、水立方、国家大剧院、央视新大楼的诞生，无不与现代高科技息息相关。

央视新大楼

（三）政治制度

经济繁荣与民主政治是公共艺术的两大外部因素，地域政权形式、职能行使方式及其他地域相互的作用，直接影响地域文化艺术状态的形成。政府文化投入政策的制定、政府文化意识趋向等对公共艺术的立项与定位有着重要作用，有时甚至是决定性的。

（四）思想意识

文化艺术的创造者是人，思想意识与文化艺术在地域社会环境诸因素中是最相关的两个概念。地域、政治、经济、科技等社会环境诸因素的变动势必引起地域思想意识的变化和更新，从而影响地域文化艺术发展，公共艺术因其大众性而与地域思想意识的关系更为密切。

（五）民俗传统

每个地区都有自己传承下来的民俗传统。民俗传统是经历长期的历史演变而成，综合体现了地域大众的发展状况。作为一种以大众性为其显著特征的实用艺术，地域公共艺术应反映地域民俗传统，使其更具地域特色，更易被地域民众广为理解与接受。

第二节　公共环境装饰艺术解读

一、公共雕塑装饰艺术设计

城市雕塑是雕塑艺术的延伸，也称为"景观雕塑""环境雕塑"。无论是纪念碑雕塑或建筑群的雕塑，还是广场、公园、小区绿地以及街道间、建筑物前的城市雕塑，都已成为现代城市人文景观的重要组成部分。城市雕塑设计，是城市环境意识的强化设计，雕塑家的工作不再局限于某一雕塑本身，而是从塑造雕塑到塑造空间，创造一个有意义的场所、一个优美的城市环境。

作为公共艺术作品，雕塑在设计的过程中，必须考虑与周围环境是否和谐，必须考虑雕塑放置的场地周围相应的景观、建筑、历史文化风俗等因素，人群交流因素以及无形的声、光、温度等因素，这一切都构成了环境因素，即社会环境与自然环境。因此，决定雕塑的场地、位置、尺度、色彩、形态、质感时，要从整体出发，研究各方面的背景关系，通过均衡、统一、变化、韵律等手段寻求恰当的答案，表达特定的空间气氛和意境，形成鲜明的第一印象。人行走在这一环境空间中，才会对城市雕塑作品产生亲切感。

（一）公共雕塑的设计要求

1. 接近真人尺度

由于现代城市生活节奏快，高层建筑林立，人们被分隔、独立，造成了人文负面影响。因而在城市规划中，设立观赏区、休闲区、步行街、绿地等公共空间，并在其间设计雕塑，以创造人与环境的亲近感。在设计环境雕塑时，雕塑的尺寸大都采用接近真人的尺度，使观众的可参与性加强，从而满足了不同层次人们在城市公共环境中的舒适感。

2. 关注现代人的审美与时尚

城市环境的现代性，促使公共艺术作品不能满足于以往的传统模式，而更应丰富艺术作品的表现手法、材料技法，更加关注当代城市人的审美情趣、审美心理与习惯、流行时尚，只有这样，现代城市雕塑才能和谐地矗立在城市的公共空间中。

（二）公共雕塑的位置选择

城市雕塑位置选择的着眼点当然首先是精神功能，同时还要兼顾环境空间的物质因素，以构成特定的思想情感氛围和城市景观的观赏条件。城雕一般放置的地点有以下几个地方：（1）城市的火车站、码头、机场、公路出口。这是能给城市初访者留下第一印象的场所。（2）城市中的旅游景点、名胜、公园，休憩地。这些地方是最容易聚集大批观众，而且最适合停下来仔细欣赏城市雕塑的场地。（3）城市中的重大建筑物，雕塑的主题性会在此显得更为明显。城市中的居住小区、街道、绿地，这些地方的环境和谐、气氛温馨，是最容易让雕塑与人亲近的地方。（5）城市中的桥梁、河岸、水池，这些地方容易让雕塑作品产生诗意。（6）城市中的交通枢纽周围。此地虽能扩大雕塑的影响力，但作品不宜限于局部细节的刻画，而应形体明快、轮廓清晰，一目了然，令人过目不忘。

二、城市壁画的设计

壁画设计制作的全过程是根据业主的意图，利用一定的材料及其相应的操作工艺，按照艺术的构想和表现手法来完成的。具体来说，城市壁画的设计包括选题与构思、色彩与处理两个阶段。

（一）壁画的选题与构思

选题是从业主（委托人）和使用者的命题范围来着手的。功能性强的壁画，有的业主是直接出题，在构思完成后，利用艺术家的表达方式表现出来。而构思一般分为两个方面，一方面是以理性思维为基础，对建筑载体的内涵进行直接阐述与强调，重视场所精神的事件性和情节性，带有纪念和引导意义；另一方面是非理性的表现，这类壁画大多从宣泄设计者的情感出发，想象表现一种理想和意识，强调装饰效果，是一种带有唯美色彩与抒情性的设计，注重视觉效果对建筑物外部环境的形、质、色等视觉因素的补充和调整。

在壁画的选题构思中，设计师还得不断从古今中外的文化财富中汲取营养，研究壁画与建筑墙体形态的变化关系，并与当地文化特征和现实背景相适应，或者依据特定场所功能而展开构思。

（二）壁画色彩与处理分析

现代壁画设计中，色彩处理直接关系到壁画的装饰性效果：在普通的绘画中较多地表现出个人风格，允许采用个性化、个人偏爱的色彩，而在壁画设计中，色彩要更多地体现环境因素、功能因素和公众的审美要求。在具体的设计中，壁画色彩的处理要考虑五个方面的因素。

其一，需要特别重视色彩对人的物理的、生理的和心理的作用，也要注重色彩引起的人的联想和情感反应。例如，在纪念堂、博物馆、陈列厅等场所的壁画往往以低明度、高纯度的色调为主，可获得庄严、肃穆、稳定和神秘的气氛；而在公共娱乐场所、休闲场所、影院、公园、运动场、候车室中则多以热烈、轻快、明亮的色调为主，并适当使用高明度、高纯度色调，从而营造出欢快、愉悦、活泼的气氛。

其二，不能满足于现实生活中过于自然化的色彩倾向，而是要思考如何来表现比现实生活更丰富、更理想的色彩，从而实现它的装饰性功能。

其三，还可以通过色彩设计调节环境，恰当地运用不同的色彩，借助其本身的特性，对单调乏味的硬质建筑体进行调节性处理，使环境产生人情味。

其四，色彩设计要从属于壁画的主题，应主观地调整色彩的表现力，通常习惯用某种色彩所具有的共通性——联想和象征去表现、丰富主题内容，美化环境、改善环境。

其五，壁画的色彩设计要从整体出发审视周围环境，强调结构方式，把它们各部分及其变化与壁画完整地联系起来，使气氛自然和谐。

第三节　公共环境设施设计与生态化耦合实践

一、公共设施造型与环境的共生性

（一）人对空间的感知

空间和人的关系，犹如水和鱼之间的关系，只有有了空间的参照，才能凸显出人的存在。人可以对空间进行能动的改造，而空间也是事物得以存在的有机载体。对于一个能够容纳人的空间来说，它需要变得十分有序，在空间中，人和空间中所存在的公共设施构成了主从关系。现代社会中的人们通过建造居住、活动以及旅游的空间，追求自己内心丰富的愉悦感。

人在环境空间的活动过程中，可以通过不同的体验来获得多方面的感知，这其中也包括人对空间的感知：（1）生理体验：锻炼身体、呼吸新鲜的空气。（2）心理体验：追求宁静、赏心悦目的快感，缓解工作压力。（3）社交体验：发展友谊、自我表现等。（4）知识体验：学习文化、认识自然。（5）自我实现的体验：发现自我价值，产生成就感。（6）其他：不愉快体验或消极体验等。

人的不同层次的体验，正是现代人品格的追求，也是现代人的特点的充分体现。在公共设施的设计中要能够充分满足他们各种体验的需求，才会实现空间的效益化，这是对当前环境进行优化的先决条件。

（二）人在空间中的行为

地域不同，其地形地貌与风土人情也会有不同的表现，其中也有一定的联系，如辽阔草原给生活在其中的牧民一种豪爽气概，江南水乡的人们具有一种精明能干的特质等，由此可以看出，环境对人的性格塑造起着重要的作用。空间环境会对人的行为、性格以及心理产生一定程度的影响，同时人的行为反过来也会对环境空间起到一定的作用，这些影响突出体现在城市的居住区、城市广场、街道、商业中心等人工景观的设计与使用方面。

生活空间和人的日常行为之间的关系可以分成下列几个方面：（1）通勤活动的行为空间。这一空间主要是指人们在上学、上班的过程中途经的路线与地点，同时也包括外地的游览观光者所经的路线和地点。景观公共设施设计应把握局部设计和整体之间的融合。（2）购物活动的行为空间。由于消费者的特征不同，商业环境、居住地以及商业中心距离也会对行为空间产生一定程度的影响，人们不光要有愉悦的购物行为，还有休闲、游玩等多种其他的行为。因此，城市形象的主要展示途径之一也需要一个良好的景观公共设施设计。（3）交际与闲暇活动行为空间。这个空间包括朋友、邻里以及亲属间的交际活动，而且，这一类的行为多发生在宅前宅后、广场、公园及家中等场所。所以，出现这些行为的场所设计依然是景观公共设施设计的一部分。

二、公共设施的色彩与材质

公共设施不单单是一种造型与功能相结合的设计形式，它还是一种依托材质表现出来的设计艺术，材料支撑了公共设施的骨架，而且会通过特定的加工工艺程序表现出来，由此可知，公共设施的材质和工艺会对其美观造成直接的影响，而在设计的过程中，还要重点考虑各材料所具备的特性，如可塑性、工艺性等。利用材料的材质不同来表现设计主题的差异，材料不同，设施自身具备的特点和美学特征就会相应地不同。其美学特征主要体现在材料的结构美、物理美、色彩美。由此可知，运用材料时要尽可能地挖掘材料自身所具备的个体属性及结构性能，充分地体现出物体美。同时还应该重点关照材质表面肌理，这是因为，如果表面的工艺不一样，其材料的肌理也会相应地不同，从而对人的视觉作用也就不同。

除了上述原因之外，材料的工艺精细程度不同，给人的感受也会不同，工艺越精细，给人的感觉就越逼真、醒目，反之，如果工艺相对简单、粗糙的质地就会给人一种十分大气的感觉。由此可知，工艺不同给人带来的视觉感受也会不同，工艺美也会有所不同。

三、交通空间的公共环境设施

城市中的交通空间设施设计通常有很多，这里摘取一些比较重要的设计来讲述，如城市中的自行车停放位置设计、公交车候车亭设计。

（一）自行车停放位置设计

自行车已经成为我国最普遍的交通工具之一，自行车在空间中的停放是我们有效解决环境景观整体效果的重要因素。在不少公共环境空间的周围或道路边，设计者们都会额外地设置一些固定的自行车停放点，一般多是遮棚的构造，也有很多采取的是一种相对简易的露天停放架或停放器设计。

自行车的存放设施不但要考虑到它的功能，还要体现出一定的效益，最大限度地考虑一定面积内的停放利比率。自行车在存放时可用单侧式、双侧式、放射式、悬吊式与立挂式等多种方式，其中，以悬吊式和立挂式最节省占地面积，但缺点是存取十分不便；而放射式则具有比较整齐、美观的摆放效果。

随着社会的发展，自行车设计方式也在发生较大的改变，同时，自行车的尺寸在向小型化、轻便化方向发展设计。

自行车的停放场车棚内还要有照明、指示标志等辅助性基础设施。对于停放自行车的地面，最好是选择受热不易产生变形的路面，如混凝土、天然石材等。在对车棚做雨水排放设计时，不仅要考虑地面，同时还要兼顾顶棚，可以在地面上铺置一些碎石块来防止棚顶的雨水对地面的冲刷，也可以设置一些排水槽等。

（二）公交站亭的设计

公交站亭的主要功能是能够让乘客在等车时享受便利、舒适的环境，保证人们的安全与便利，由此可知，公交站亭在设计时需要具备防晒、防雨雪、防风等多种功能，材料上也要考虑到它们处于户外这一因素。一般公交站亭的使用材料多采用不锈钢、铝材、玻璃等易清洁的材料，在造型方面多保持开放的空间构成。实际上，在满足公交车站的空间条件、空间尺度的情况下，还可以设置公交车亭、站台、站牌、遮棚、照明、垃圾箱、座椅等辅助性设施。城市中公交站亭的一般长度多为 1.5～2 倍的标准车长，宽度也要大于 1.2 米。

1. 公交站亭的类型

公交站亭的类型较多，主要的有顶棚式、半封闭式、开放式。

顶棚式：只有顶棚与支撑设置，顶棚下是一个通透的开放空间，便于乘客随时查看来往的车辆，也可以单独地设置一个标志牌等。

半封闭式：这种设计主要是面向前面的道路与公交车驶来方向不设阻隔，一般都是在背墙上应用顶棚，亭子的四个空间上最少要有一个面不设隔挡。

开放式：开放式设计是在顶棚式的基础上进行的一种大胆创新，把顶棚去掉的一种公交站亭。这种站亭实际上只保留了地面，其他的面设计成开放空间。这种站亭设计通常要有相对合适的气候环境。

2. 公交站亭设计原则

（1）要易识别

易识别就是在设计公交站亭时要能够充分考虑到它的良好识别性，使人可以在较远的地方就能认出或从周围的景观中识别出，具有很好的对比性。

（2）可以提升周边的景观环境

公交车站亭具有一定的体量感，所以会对周围的环境产生影响，因此，在对公交站亭设计时要考虑到它与周围景观的协调性，要么做到良好的统一，要么形成良好的对比，以此来提升景观形象。

（3）空间、功能的划分要明确

公交车站亭设计需要十分注意空间的划分，尤其是对人流中动静空间的划分，同时，还应该注意公交亭的功能划分，包括对座椅、垃圾箱、导示牌的设计和关系的处理。

（4）要有可视性

可视性与易识别性是不同的，可视性主要是指在公交站亭内候车的人要有比较好的观察视角，需要明确的是，公交站亭的设计不可以牺牲候车人的视野。

（5）具有地域性特色

公交站亭设计不仅要具备相对齐备的功能，还要和当地的景观相协调，能体现出一个城市独特的地域文化。

综上所述，只有遵循上述原则，才会使公交站亭的设计更为人文化、更具协调性。

四、公共服务设施设计

（一）公共娱乐设施设计

公共娱乐设施主要是提供给儿童或成年人共同使用的娱乐与游艺设施，这种设施可以满足广大群众的游玩、休闲需求，能够锻炼人的智力与体能，丰富广大群众的生活内容。这类设施一般多放置于公园、游乐场等环境中。

公共娱乐设施有两种类型：观览设施和娱乐设施。观览设施主要为游客观光提供便利，是辅助性质的娱乐设施，如缆车、单轨道车等；娱乐设施主要是为游客提供的娱乐性器械，如回转游乐设施等。在这里，我们主要讲述的是小型娱乐设施，如公园中，可以依据游客的心理与生理特点，对设施的造型、尺度、色彩等综合设计。

公共娱乐设施的发展演变主要体现在儿童游戏设施上，这些设施将娱乐与场所环境相结合，如科技馆、生物馆、植物园等，把开发智力、开阔眼界相结合，充分体现出娱乐设施的综合功能以及处于特定环境条件下的意义。

儿童类型的娱乐设施在娱乐设施的种类上所占比重较大，主要包括沙坑、滑梯、秋千、跷跷板等多种组合型器材，这类公共设施顾及儿童的年龄、季节、时间等，也可根据需要因地制宜进行创作。在材料的选用上，要尽量采用玻璃钢、PVC、充气橡胶等，以免人体在活动过程中发生碰伤。

（二）售货亭设计

售货亭的最大功能是满足人们便利的购物需求，这种设施遍布在广场旁、旅游场所等公共空间，随着社会化发展，商业经济的不断增长以及人们日常生活的需求，这种服务亭设施也趋于完善。

首先，我们能够将它视作城市环境里的点，对于它的位置、体量的确定应该按照其使用目的、场景环境要求以及消费者群体的特征进行综合性的考虑。通常情况下，售货亭的体量都比较小，造型十分灵巧，特征也相对明确，分布较为普遍。

售货亭通常可分为固定式与流动式两种类型：（1）固定式的售货亭多和小型建筑的特征、形式、大小比较类似，而且体量不大、分布十分广泛，便于识别。（2）流动式售货亭多为小型货车，其优点是机动性较好，如手推车、摩托车或拖斗车等。外观的色彩十分鲜艳，造型也十分别致，展示或销售商品服务的类型。

自动售货机也是一种公共售货服务设施，其特点是外形十分小巧、机动灵活、销售比较便利，使城市中公共场所的销售设施进一步发展与完善，满足了行人比较简单的需要。现在比较常见的投币式自动售货机主要销售香烟、饮料、常见药品等，大多是箱状外形，配备了照明装置。

（三）垃圾桶设计

如今，现代城市生活节奏日益加快，人们的生活频率与高效率的办事方式对公共设施提出了更高的要求，基于此，人们对公共卫生设施的设计内容也变得更加具体、更加多样化，这些都很大程度上反映了现代城市生活环境卫生的提高，设施的广泛使用也促使城市卫生环境质量大幅度提升。现在城市公共卫生设施包括垃圾箱、公共卫生间、垃圾中转站等。这些设施的设计原则主要是强调生态平衡与环保意识，同时还要突出"以人为本"的设计理念，全面展示公共卫生设施在改善人们生活质量方面发挥的作用。

既然是公共垃圾箱，那么它们的主要作用就是收集公共场所里被人们丢弃的各种各样的垃圾，这也有利于人们对垃圾的清理，从而美化环境、促进生态和谐发展。公共垃圾桶主要设置于休息区、候车亭、旅游区等公共场所，可以单独存在实现功能，也可以和其他公共设施一道构成合理的设施结构。

1. 普通型垃圾箱

普通型垃圾箱，其高度通常为 50～60cm，在生活区里用的垃圾箱的体量一般较大，高度为 90～100cm。日常生活中我们所见最多的垃圾箱结构形式有固定式、活动式以及依托式；其造型的方式主要有箱式、桶式、斗式、罐式等多种。垃圾箱的制作材料、造型色彩等也是需要考虑的因素，要做到和环境搭配，给人们一种卫生洁净的感觉。垃圾箱安装方式也很多，其中比较常见的有以下几种：

（1）固定式：垃圾箱与烟灰缸的主体设计大多使用不锈钢材质，削弱了箱体的体量，和环境融为一体。

（2）活动式："活动"即可移动，维护和更换比较方便，多用于人流与空间变化较大的场所。

（3）依托式：这种箱体设计的体量通常比较轻巧，多依附于墙面、柱子或其他设施的界面，通常用于人流量比较大、空间又十分狭窄的场所。

对于这类垃圾箱的设计也有一定的要求。第一是设计的造型要便于垃圾投放，主要强调实用性价值，投放口要与实际相结合，尤其是在人流量比较大的活动场所，人们匆忙穿梭，经常会有将垃圾"抛"进垃圾箱的举动。第二是垃圾箱的造型要便于垃圾的清理。垃圾清理的方式多种多样，通常使用的方式为可抽拉式。垃圾箱体有时还有密封性，主要是考虑其内部通风性与排水性。第三是要注意箱体的防雨防晒。这种方式一方面可采用造型特征加以解决，另一方面可通过使用的材质去实现，材料包括铁皮、硬制塑料、玻璃钢、釉陶、水泥等。第四是要根据场所来配置垃圾箱的数量与种类。如人流量大的地区要多摆放些，因为这一地区的垃圾数量大，清理频繁。第五是要和环境做到协调统一。垃圾箱所具有的形态、色彩、材质等特征，应和周围的环境特征保持协调一致。

2. 分类型垃圾箱

垃圾箱的分类与回收再利用是现代文明发展的充分体现。在现代社会，人们对不同类型的垃圾有了越来越多的新认识。对垃圾分类应该变成现代人的一种生活习惯，对垃圾进行分类是现代人改善生活环境与发展生态经济的重要方法之一。

城市的垃圾分类主要有下列几种：

可回收垃圾：如废纸、塑料、金属等。

不可回收垃圾：如果皮、剩饭菜等。

有害垃圾：如废电池、油漆、水银温度计、化妆品等。

分类垃圾箱的设计方法有多种，第一是采用色彩的效果加以分类。如绿色代表可回收垃圾；黄色代表不可回收垃圾；红色代表有害垃圾。实际上，当今世界范围内并没有严格的垃圾分类的统一色彩要求，只是各地的人们按照地方用色习惯来进行设计。

第二是采用应用标志，这也是垃圾分类的一个重要方式。我们知道，单纯地采用文字来区分是有限的，所以加上色彩和图形的表示作用就能有效地将垃圾进行分类了。

（四）公共饮水器设计

公共饮水器的主要功能是设置在公共场所内给人们提供卫生饮水。这种设施的设置需要人们有足够的文明意识，还要求城市的给排水设施十分完善，在城市的公共区域如广场、休息场所、出入口等区域可以设置。

饮水器的设计主要有下列要求：（1）通常在人口流量大、较集中的空间设置。（2）通常使用石材、金属、陶瓷等材料。（3）饮水器的造型可以采用相对单纯的几何形体，也可以采用组合形体，或者采用具有象征性的形式，做到既有功能设计又有外在视觉设计的结合。（4）饮水器要有无障碍设计，其出水口的高度要有高低搭配设置，一般的使用高度是 $100 \sim 110cm$，有一些比较低的是 $60 \sim 70cm$。（5）饮水器和地面的接触铺装要有一定的渗水性。公共饮水机除了上述的安装场所之外，还可在市场、银行、医院等室内进行设置，便于人们饮用纯净水。纯净水的循环过程为：导水→出水→饮水→接水→下水→净水→回收再用。

（五）公共卫生间设计

公共卫生间的设置充分体现现代城市的文明发展程度，充分突出以人为本的理念。通常情况下，公共卫生间的设置多在广场、街道、车站、公园等地，在一些人口比较密集以及人流量较大的地区要依据实际情况来设定卫生间数量。它的造型设计、内部设备结构处理和管理质量，标志着一个城市的文明程度和经济水平。

公共卫生间的设计要遵循卫生、方便、经济、实用的原则，它是一种和人体有紧密接触的使用设施，因此它所具备的内部空间尺度也要符合人体工程学原理。

公共卫生间有固定式和临时式两种类型。固定式通常和小型的建筑形式相同；临时式则要按照实际需要加以设置，可以随时进行简易的拆除、移动。对于公共卫生间的设计有如下要求。

1. 与环境相协调

公共卫生间的设计要最大限度地和周围环境协调统一，同时还要做到容易被人识别出来，但是也要避免太过突出。为了便于人们识别利用，可以结合标志或地面的铺装处理方式来加以引导。

2. 设置表现方式

（1）为确保和环境相协调，在城市的主要广场、干道、休闲区域、商业街区等场所，常常采用和建筑物结合、地下或半地下的方式来设置。（2）在公园、游览区、普通街道等场所，公共卫生间的设计往往会采用半地下、道路尽头或角落、侧面半遮挡、正面无遮挡的方式进行设置。（3）场所中临时需要的活动式卫生间。

3. 安全配套设施

（1）活动范围内的安全考虑

主要有无障碍设计要求（如扶手位置、残疾人专用厕位等）、地面的防滑、避免尖锐的转角等。

（2）防范犯罪活动

厕所内的照明设施要加强，内部空间结构布置要简洁等。

（3）配套设施设计

卫生间内的配套设施要确保齐全与耐用，通常都是设置一些手纸盒、烟灰缸、垃圾桶、洗手盆、烘干机等，以满足使用者的需求。

（六）路盖设施设计

现代城市在持续发展，利用地下空间成为城市摆脱布满电线、管道等杂乱局面的有效方法。因此，对地下管道进行必要的路面盖具设计，对形成城市美好形象等方面起到特别重要的作用。

1. 普通道路盖具

普通道路盖具的形状多是圆形、方形或格栅形，是水、电、煤气等管道检修口的面盖，使用的材料多是铸铁。现在的盖具设计也会和环境场景相结合，并配上合适的纹样图案，使地面更具美感。

2. 树蓖子

保护树木根部的树蓖子也是盖具的形式，树蓖子的功能是确保地面平整，减少水土流失，保护树木的根部。树蓖子的大小需要按照树木的高度、胸径、根系决定，在造型方面需要兼顾功能与美观两方面，具有良好的渗水功能，同时要便于拆装。树蓖子通常使用石板、铁板等比较坚实的材料制作，色彩与造型也要和环境保持协调一致。

（七）排气口设计

排气口是由于城市建筑发展而出现的一种功能性比较强的公共设施，是布置在各个大型的建筑、地铁等场所的排气设备，其主要功能是把建筑内部的废气排出来。现在，设计师需要做的是在保证它基本功能的同时，改变之前其粗糙笨重的形象，让造型和环境进行完美的融合。其设计要求如下：（1）形态色调要和周围的环境、建筑协调一致。（2）从其造型、色彩方面着手，把它们变成环境景观的组成部分，并对其本身粗陋的形象进行改善，从而表现出一定程度的艺术特色。

五、公共信息设施设计

（一）标志导向设计

标示性导向设施是公共设施中的一种，它运用相对合理的技术和创作手法，通过对实用性与效力性的研究，创造出一个能够满足人们行为与心理需求的视觉识别系统。

随着当今社会经济的快速发展，人们对安全意识尤为关注，在这种背景下，以引导人们安全出行为目的的标示性设施逐步得到规范，其中最直接、最充分的公共信息设施是道路交通标志，它有很强的导向作用。另外，现代高速公路的标志导向系统也呈现出立体化、网络化的特征。这些基础设施能够传达出准确可靠的信息，确保城市环境更加安全，已经得到大众的广泛认可。

交通标志有很多种，其中最主要的包括警告标志、禁令标志、指示标志等，可以通过不同的图形与颜色的搭配来加以区分。

1. 地标设计

地标是一个城市中比较突出的建筑物，在空间中起着制高点的作用，是人们识别城市环境的重要标志。城市地标物，最突出的就是塔。塔的类型有很多，其中比较传统的有寺塔、钟楼等，现在有电视塔。随着现代建筑技术水平的提高，塔的高度和规模也在持续升升，功能应用也变得更加多样。它涉及广播、广告、计时、通信等众多作用，成为城市象征的标志。此外，城市中的地表还有一些低矮的、具有浓厚历史韵味的建筑，如拱门、雕塑、树木等，也可以作为地标物。

2. 导示牌设计

导示牌在设计上追求造型简洁、易读、易记、易识别。导示牌的功能不同、位置不同，则导示设计的形态尺度也会相应地不一样。导示系统能够在城市交通标志中最直接地体现出其重要性，能够让外来人迅速地找到准确的目标位置，以此解决交通问题。通常情况下，导示系统标志常常设在下列场所：（1）交通醒目的位置：如道路交叉口、道路绿化带旁。（2）各种场所的入口处。（3）大型建筑的立面处。（4）环境及建筑的局部位置，如楼梯缓步台、地面、车体等处。

（二）公共电话亭设计

公共电话亭的设置也是现代城市信息系统的一部分，满足人们的需要。虽然在现代化的都市里，手机已经成为普遍的通话工具，但是电话亭的设置仍然有必要，它是人们进行信息联络的重要设施。公共电话亭的设计类型多种多样，从其外在形式上有下列区别：

1. 隔音式

这种形式是在电话亭的四周采取封闭的界面加以布置，空间的围合感十分强，其具备良好的气候适应性及隔音效果。

2. 半封闭／半开放式

这种形式的外形是不完全封闭的，但是从其整体的形式上看空间围合感仍然比较强，具备一定的防护性与隔音性。

3. 开放式

这种形式主要依附在墙、支座等界面或支撑物上，几乎没有空间围合感，其隔音效果也不好，防护性比较低，但是这种设计的优点是外形十分轻巧，使用比较便捷。

当然，不管是何种形式，都要依据设施的环境与人们的使用频率来分类与安排。

（三）公共钟表设计

城市环境中，计时钟（塔）是传达信息的重要公共设施。这种设施可以表达出城市所具备的文化及效率，通常是在城市的街道、公园、广场、车站等场所中进行布置。计时钟（塔）表示时间的方法有机械类、电子类、仿古类等。

设计计时钟（塔）时有下列需要注意的事项：（1）在位置上，计时钟的尺度有十分合适的高度与位置关系，造型在空间领域方面也要十分醒目。（2）要和周围的环境有较好的互动关系，反映出这座城市的地域性，同时还要和整体环境协调一致。（3）计时钟的支撑结构与造型都要求十分完善，同时还要考虑到它的美观性。（4）对计时钟要做好充足的防水性设计，要确保钟表足够牢固，同时还应该方便维护等。

计时钟（塔）很容易成为环境里的焦点，所以要在功能上和其他环境设施相结合：（1）和雕塑、花坛、喷泉等结合，在时钟发挥计时功能的同时还体现出它的美感。（2）要采用多种多样的艺术手法设计，同时还要和现代的新型材质结合，塑造出具有现代气息的计时设备。（3）最好能体现传统文化与现代文化的结合，赋予其更多的文化内涵。

（四）广告与看板设计

1. 广告设计

在现代化城市中，广告是商品经济得以发展的必然结果，商品、品牌的大力宣传、大众消费的普及以及销售的自助化发展，都在一定程度上促使广告得以快速地发展。

广告的发展要利用多种传播渠道，如电视、互联网、报刊、广播、灯光广告等，从城市的环境设计和景观的参与中来看，庞大的广告数量以及飞快的传递形式都对人民群众及社会的变化产生了巨大的影响。在现代城市的公共环境中，室外广告是广告的主要表现形式，主要可分为表现内容与设置场所两大类。只从表现内容来看的话，室外广告可分为下列内容：

（1）指示诱导广告：其主要形式有招牌、幌子等，内容为介绍经营性的广告，如产品介绍、展示橱窗等。其中，宣传广告橱窗主要有壁面广告、悬挂广告、立地广告等。

（2）散置广告：主要形式包括广告塔、广告亭。

（3）风动广告：主要包括旗帜广告、气球广告、垂幔广告等。

（4）交通广告：主要包括车载流动广告、人身携带广告等。

在对广告设计时，要注意其设计要点：广告牌的尺度、构造的方式等，要和它所依附的建筑物进行良好的关系处理，同时还要充分考虑到主体建筑的性质与建筑的特点，使之互相映衬，形成良好的配合。

在进行广告牌设置的时候还要注意不同时间的效果，如白天的印象与夜晚的照明效果，单体和群体的景观效应等。

最后需要注意的是，在设置广告牌的时候一定要符合道路与环境的规划以及相关的法律法规，还要考虑到广告牌的朝向、风雨、安全等多方面的因素。

2. 看板设计

所谓看板，是指人们通过版面阅读，获得各种信息的有效途径。这也是信息传播的一种有效设施，在城市环境中这种设施多放置在路口、街道、广场、小区等公共场所，提供给人们各种新闻与社会信息。

看板其实是对告示板与宣传栏的总称，它的作用主要是传达工作时间、声明告示、社会信息等。近年来，在城市的街头出现了一种电脑询问设备，同时还设置了一种大型的电视显示屏、电子展示板等等。

根据看板的面幅与长度，可以把看板分为牌、板、栏、廊四类，其中最小的叫牌，通常边长小于 0.6m；边长为 1m 或超过 1m 的板面也常称为板；较长的为栏，最长的为廊。

看板设计和广告、标志有直接的关联，同时也有一定的特殊性。设计看板时，首先要明确看板将要设置的地点，其中主要是以街头、桥头、广场的出入口最佳，不但要方便人们发现与观看，而且没必要让它在环境中过于醒目。

其次，看板所用的材料、色彩等多个方面也要考虑和周围的场所与环境相一致，同时还应该考虑更换内容、灯光照明、设施维护、防水处理等方面的问题。看板在具有传递信息的同时，还扮演着装饰、导向和划分空间的角色，由此可知，看板的造型需要具有一定的审美功能。

看板的设计最好有一定的雕塑感，同时还可以与计时装置、照明、亭廊等建筑之间进行有机的结合。

第六章　生态环境景观艺术设计创新路径

第一节　生态庭院景观艺术设计

随着我国经济的不断发展，人们的生活水平越来越好，也越来越追求对于物质的享受。目前，人们对于现代庭院都有着独特的喜好，而现代庭院的景观设计对生态的追求是很重要的。

一、庭院设计的定义

庭院设计是从城市化建设的公共景观中分离出来的带有私有性的并且专业性很强的设计工作。它专指借助景观规划设计的各种手法，对别墅的环境进行优化设计，满足人们较高的功能、心理、文化需求。

圣保罗生态庭院

二、现代庭院设计的风格及特点

（一）设计风格

庭院的样式可简单地分为规则式和自然式两大类。目前从风格上，私家庭院可分为四大流派：亚洲的中国式和日本式，欧洲的法国式和英国式。

建筑有多种多样的风格与类型，如古典与现代的差距，前卫与传统的对比，东方与西方的差异。常见的做法多是根据建筑物的风格来大致确定庭院的类型。

由于土地资源的珍贵与稀缺，不少项目就会采取提高容积率，减少层高、增加楼层数，以便能够在有限的土地上建造出更多的房子，别墅类地产的奇货可居，就在于它对单位土地的独家占有，低容积率私家庭院、私家车库，这些高昂的土地成本大大抬升了别墅的市场价格，周边环境资源的稀缺性也是构成别墅价值的重要组成部分。

随着城市社会经济的飞速发展，人们的活动范围不断向外拓展，给自然环境带来了严重的破坏。居城市而享山林之乐是人们一直以来对理想居住环境的美好追求，而风景优美、生态环境良好的地段，可供建设别墅的土地资源又极为稀少，所以建设在这一类环境资源上的别墅价值更高。产品和服务作为住宅的高端产品，别墅有着优越的资源优势，在最优秀的资源上进行开发与创造，这就形成了产品的优势。

别墅的风格体现了人们对生活方式的追求，无论是多么优秀的环境精心打造的别墅产品，其价值的实现都离不开服务。选择一栋别墅，实际上就是选择一种生活，这是一种漫长的时间过程。交通可达性是高档别墅居住价值的构成元素。现代社会的快节奏生活，人们十分珍视时间的宝贵性，节省人们在上班路上的交通时间显得尤为重要。因此，别墅的开发选址，应具有良好的交通可达性，方便人们的出行活动。

（二）设计实例

1. 项目概况

某别墅庭院区位于道路交叉口，外部景观环境十分优美，该项目占地面积约 $10hm^2$，共有50座造型迥异、大小不同的豪华别墅及一家会所布置其中。建筑的总体色调采用传统的粉墙黛瓦，用更为均匀的浅灰色石材做墙身的压顶，以极具现代风格的圆钢管平行密排作为坡屋顶斜面装饰，局部一些立面还采用了棕色的防腐木板使建筑在现代语汇诠释中具有传统文化的气息。

2. 园建小品

景观中的小品布置有时会起到画龙点睛的作用，在有限的空间得其乐趣，能活跃气氛，但要做到巧而得体、精而宜景、不拘一格，并非想象中那么简单。庭院中的小品，其风格多为古典的传统的，却与周围的环境十分协调，比如路边行走，在临拐角处的一片绿化中突然有一雕花大水缸，里面种有红色睡莲，立即令人眼睛一亮，真是一个很有情调的小景。

3. 植物

景观园林的意境是抒发人们园居生活的思想感情，植物作为园林景观的主要元素，如运用得当，将产生动人的意境效果。别墅庭院中景观树种的选择以落叶树为主，常绿树为辅，强烈的季相变化带给业主四季更替的直观感受。落叶树种有：榉朴、白玉兰、紫玉兰、马褂木、乌桕、樱花、紫薇、紫藤、水杉、池杉、海棠、蜡梅、梅桃梨枣等。常绿树种有：香樟、桂花、山茶、含笑、女贞、大珊瑚树、枇杷、罗汉松、杨梅、棕榈等。品种不少，当人们置身在这庭院中时，感受到其绿化十分饱满，到处绿树成荫，竹影婆娑，水边桃红柳绿，荷叶摇曳。园中植物与硬质景观结合得十分协调，上木、中木和下木搭配得很有层次，疏密有致，达到如至画境的效果，这不单单体现了种植设计时的深思熟虑，更是投资建设方与施工方共同努力的结果。

第二节　生态街道景观艺术设计

一、生态街道景观设计内容

生态街道景观设计是指从生态观点出发，充分考虑路域景观与自然环境的协调，让驾乘人员感觉安全、舒适、和谐所进行的设计。道路景观设计使工程防护美化、收费、加油、服务站点风格鲜明，以绿化为主要措施美化环境，修复道路对自然环境的破坏，并通过沿线风土人情的流传、人为景观的点缀，增加路域环境的文化内涵，做到外观形象美、环保功能强、文化氛围浓。

文化街道

（一）雨洪管理景观是生态街道景观设计中的核心内容

生态街道景观设计需要尽量减少对原有水温条件的破坏与干扰，从而实现绿色景观与城市雨洪管理系统的有机结合。为了让生态街道景观设计发挥出雨洪管理的作用，在生态街道景观设计工作中有必要做到根据城市街道中的雨水循环特点与水文特点对雨水管理景观设施进行分散的规划与设计，并形成雨水管理网络，从而发挥出生态街道景观对雨水水质与水量进行管理的作用。与传统雨洪管理系统中追求雨水收集与排输的特点不同的是，依靠生态街道景观系统进行雨洪管理体现出了对水文循环过程的尊重，利用土壤和植物来对雨水进行渗透与吸收。通过构建基于生态街道景观基础上的雨洪管理系统，不仅能够降低城市雨洪管理系统建设及运行的成本，同时能够降低城市"热岛效应"，并且对于能耗、污染的降低具有明显的积极效应。

（二）对街道进行立体绿化是生态街道景观设计中的主要内容

对街道进行立体绿化是生态街道景观设计中主要的表现形式。立体绿化与地面绿化相对，通过开展立体绿化，可以解决城市中地面绿化难以满足生态环境需求的矛盾，从而实现最大化的生态效益。立体绿化的形式包括绿色屋顶、绿色墙面、绿色阳台、绿色桥体、绿色围栏与护栏、绿色柱廊、绿色棚架以及立体花坛等。立体绿化的生态效益与社会效益显而易见，值得重点提出的是，立体绿化所具有的艺术价值也不可忽视。通过对街道进行立体绿化，城市及城市街道中能够具有更加浓烈的自然气息，具有多样化设计形式的绿色景观也能让街道景观与建筑更加协调，这对于陶冶人们的情操、调动人们在生态街道景观建设中的积极性及改善人们的生活环境与工作环境具有重要意义。在对街道进行立体绿化过程中需要重点控制的要素主要包括以下三点。一是合理选择植物品种。植物品种要与绿化对象所具有的布局以及功能相适应，最好选择垂挂类与攀缘类植物，并在尊重植物生长习性与生长规律的基础上实现最佳的绿化效果；二是合理选择植物的栽培方式。在此方面不仅要重视对土壤养分进行补充以优化植物的生长环境，同时可以使用种植池或者种植箱进行植物种植，这两种方式比较适用于阳台绿化、屋顶绿化以及桥体绿化等。种植池与种植箱的设计要综合考虑绿化需求与植物生长需求。

（三）景观装置艺术是生态街道景观设计中的发展内容

景观装置艺术指的是装置艺术与景观艺术的结合。存在于公共空间中的装置艺术可以很好地满足人们的审美需求。具体而言，景观装置艺术主要是在公共空间中通过对材料、视觉表述、情感寓意等设计手法的运用来创造出能够让城市居民体验、观赏以及使用的景观，这些景观包括标识性景观、庭院以及游戏和休憩空间等。随着景观设计技术的发展，景观装置艺术从功能与形势两个方面体现出多样化的特点，通过对景观装置艺术的应用，生态街道景观设计可以在公共空间中创造标志性的景观，并在连接景观与建筑的基础上让生态街道景观中的公共设施以及生态街道景观所具有的文化性更加凸显，所以景观装置艺术的应用无论是对于完善生态街道景观设计的功能还是对生态街道景观进行点缀都具有重要意义。

二、生态街道设计原则

（一）可持续发展原则

道路景观建设必须注意对沿线生态资源、自然景观及人文景观的持续维护和利用。

（二）动态性原则

随着时代的发展和人类的进步，道路景观也应随设计的需求不断更新发展。

（三）地区性原则

道路景观的规划设计中应考虑其地域性特点，植物种植适地适树，形成不同地区特有的道路景观。

（四）整体性原则

道路景观规划的人工景观与自然景观和谐统一。

（五）经济性原则

在道路景观的规划设计中，要考虑对道路沿线原有景观资源的保护、利用与开发，保留原有古树名木，降低成本，增加经济效益。

三、生态街道景观设计目标

（一）多样化

对居民的生活空间做出优化是生态街道景观设计工作的主要目标与功能。通过生态街道景观设计，不仅可以让城市中的生态系统平衡性得到调节，同时也能够发挥出治理空气污染、防洪蓄水的作用，而这些多样化作用的发挥，能够更好地提升居民对城市建设的满意度。生态街道景观设计应当符合城市发展中对建筑多样化、功能多样化、街区短小且人流密度较高的要求。在阶段景观设计中频繁地使用拐角和分支小路不仅能够实现良好的通达性能，同时能够为居民步行提供方便；而生态街道周边的建筑无论是何种情况，生态街道景观设计中都应当重视与建筑风格的匹配；另外，生态街道景观设计要凭借自身的功能来提高自身的吸引力，从而在提高人流密度的基础上提升生态街道景观所具有的活力，在不造成交通堵塞和视觉污染的前提下实现生态街道景观设计功能性的最大化发挥。

（二）人性化

生态街道景观设计的服务对象主要是城市居民，虽然随着城市建设的发展，城市街道也在不断的延伸，但是与城市居民日常生活相关的、充满生活气息的街道却在逐渐消失，而"生活化"概念也在街道设计中淡化。为了让生态街道景观设计体现出"亲民性"以提高城市居民对城市街道景观设计的满意度，如何在生态街道景观设计中凸显出人性化的特点是当前生态街道景观设计需要重点考虑的内容。在生态街道景观设计中，必须重视对"场所精神"的体现，这是营造充满人文气息的生态街道景观的关键要素。在对生态街道进行改造与设计的过程中，生态街道景观设计者需要尊重城市居民的意愿与需求，在此基础上对城市生态街道景观所具有的性质及功能做出准确的定位，同时要对街道景观中的公共艺术、公共设施等进行人性化的设计，让城市生态街道景观不仅能够满足城市居民的感官体验需求，同时体现出城市居民所应具有的城市认同感与城市归属感。总而言之，在生态街道景观设计中，要对城市居民的精神需求、心理需求以及生理需求做出全面考虑，体现出生态街道景观对城市居民的尊重与关怀，从而设计出能够让城市居民喜爱、向往以及享受的生态街道景观。

（三）可持续化

无论是对城市发展还是城市生态街道景观设计，可持续化都应当作为重要的发展目标。为了在设计过程中实现可持续化发展目标，生态街道景观设计有必要做到以下几点：一是根据城市街道原有的功能及格局开展生态街道景观设计工作，体现出对原有街道功能及格局的尊重，从而使原有的街道以及原有的生态系统保持较好的稳定性；二是以服务城市居民为出发点保护城市居民的社区环境，避免在生态街道景观设计中对城市居民生活产生负面影响；三是技术在生态街道景观设计中应当作为次要手段出现，避免用技术作为控制性的主要手段；四是在生态街道景观设计过程中重视对副产品及资源的回收，通过对垃圾排放进行有效控制来体现生态街道景观设计需要遵循的节约型原则；五是在生态街道景观设计中尽量使用可再生的资源，避免对生态环境造成破坏；六是生态街道景观设计工作要尊重原有的雨洪管理系统，通过实现街道景观设计与雨洪管理以及控制治理的结合来凸显出生态街道景观设计所具有的生态效益，从而让生态街道景观设计符合城市建设与发展中的可持续发展原则与低碳原则。

第三节　生态广场景观艺术设计

一、生态广场的定义

城市广场作为一种城市艺术建设类型，它既承袭传统和历史，也传递着美的韵律和节奏，它是一种公共艺术形态，也是一种城市构成的重要元素。在日益走向开放、多元、现代的今天，生态城市广场这一载体所蕴含的诸多信息，成为规划设计深入研究的课题。

生态广场具有开放空间的各种功能，并且有一定的规模和要求。人们在城市的中心建设供人们活动的公共广场；围绕一定的建设主题来配置一些相应设施、景观小品或者道路等围合的公共活动场地构成生态广场。由于生态广场具有供人们进行各种集体活动的功能，因此，在城市的总体规划设计中，对广场的布局作系统的设计，广场的面积大小取决于城市的性质与规模。生态广场建设的规模要与用途相一致。

达卡大学景观生态广场

二、生态广场的空间形式

生态广场具有一定的功能，其空间具有多样性表现形式。生态广场是供人们共同享用城市文明的舞台，在建设时要考虑大众的需求，同时也要考虑特殊群体的需求，比如残疾人等。生态广场的服务设施和建筑物的功能要多样化，同时要具备休闲、娱乐以及艺术并存的综合服务功能。城市的建设时间跨度十分漫长，且始终处于新旧更替的过程中，每个时代的设计者和建造者不断塑造着城市空间。生态广场是一个城市开放空间中的组成部分。

三、生态广场的景观设计原则

（一）人性化的原则

设计从人的生理需求、心理需求出发，"以人为本"，增强城市景观的亲和力，城市景观的科技等手段，营造出健康、安全和谐的空间环境，能够使人和自然和谐地发展。生态广场的景观建设，首先要考虑人们使用的方便性，是人们选择景观进行活动的前提条件。改善的空间环境，提供给人们更加舒适的小气候，利于城市居民的日常休闲、游憩，是生态广场景观设计应考虑的重要因素。生态广场景观是开放的公共空间，不同年龄段的人有不同的活动方式与习惯，因此，人性化的景观设计原则应该是让各个年龄段的人都能够找到适合自己的活动空间，同时，还应该考虑特殊群体对空间的特殊要求。人性化的设计是要设计出人与自然之间的关系。生态广场的景观不单单是为了欣赏观看，更要做到人与自然的适应融合，人们置身在这样的空间环境中有一定的归属感，最终目标就是把人与自然能够和谐地结合在一起。生态广场景观设计的目标就是要实现广场、人、城市的关系的和谐，让生活更美好。生态广场景观设计应当做到以人为本，富有一定的人情味，充满生活的气息，满足人们的休闲、娱乐和交流的需要。

（二）可持续发展的原则

可持续发展原则，就是从生态学角度对生态广场进行系统的分析研究，以较小的资源消耗满足人类的最大需求，同时，保持人类与自然环境的和谐发展关系，以维持整个生态广场的发展系统的平衡。生态广场的景观设计作为生态广场建设的一个重要方面，也要以生态城市的标准作为生态广场建设的指导，以自然生态的理念去指导广场景观的设计，达到可持续发展的要求。首先，景观格局的可持续性，是指从生态广场的整体空间格局以及过程意义上对景观的可持续性进行分析。景观就是一系列的生态系统的综合，要从空间格局与其发展的过程来认识，发展过程包括自然力，比如风、水以及人的活动过程等等，这些可持续性的过程，会影响到景观格局的可持续性。景观格局的持续性是广场景观设计可持续性的一个方面，也是人类获得持续性的生态服务的要求。其次，生态系统的可持续。生态系统是指在一定的特定环境内，其空间的所有生物及此环境的统称。大到一片森林或者一条河流，小到一块湿地或者一片草地都是一个生态系统，在这样的生态系统中，存在着各种各样的生物元素，这些生物元素之间不断发生着能量与信息的交流。生态广场景观作为一个生态系统，其可持续性会受到人为的干扰。把生态广场景观作为一个生态系统，通过生物的环境关系的调整来实现生态广场景观设计的可持续性发展，维护生态系统的再生功能。另外，景观的建设材料和施工的工程技术的可持续。景观建设要使用自然资源，这些资源可以分为可再生资源与不可再生资源，要实现环境的可持续性，就要对不可再生资源加以保护的利用。同时，也要保护可再生资源有限的再生能力，要采取减用或者再次利用的方式。最后，是景观使用的可持续性。从经济学的意义上来说，景观使用也应该是可持续性的。

（三）系统性原则

广场是城市开放空间系统中的一个重要节点，在城市空间环境体系中进行系统分布，做到统一规划布局。

（四）尺度适配原则

根据广场的不同使用功能和主题要求，确定合适的规模和尺度，广场上的环境小品要以人的尺度为设计依据。很多景观生态学研究的结果表明，景观元素及其所在的空间位置等是构建生态广场景观的重要因素。

（五）生态性原则

广场规划设计要与城市整体生态系统相关联，符合当地的生态条件。对景观的设计也就是生态景观设计，也称为"绿色设计"，它是现代流行的一种设计方式，这种设计的理念就是让景观设计与自然的生态过程相协调一致，使生态广场的建设对环境的破坏达到较小的程度。生态型的景观设计是景观健康成长的基础，健康的、自然生态的景观才是美丽的。

（六）多样性原则

空间表现形式多样，提高人的参与性。比如，在设计时要考虑到为人们提供一个幽静的散步、聊天的空间，也要考虑到为活泼爱玩耍的孩子们提供一个游玩、嬉戏的空间场所，同时还要考虑到为年迈体弱的老年人提供一个休憩的场所等等。

（七）步行化原则

广场规划设计应该支持人的行为，步行化有利于广场的共享性和良好环境的形成。

（八）文化性原则

广场集中体现了城市的历史风貌，广场规划设计应该具有归属感和认同感，形成一个有文化有生命力的广场。景观的设置可以让人们接触到历史文化，享受地域风情。

（九）特色性原则

广场应通过特定的使用功能、场地条件、人文主题以及景观艺术处理来塑造出自己的鲜明特色。生态广场，要注重有地域特色的、生态型的景观建设。具有地域特色的景观设计，会使当地居民觉得亲切、自然，人们处在这样的空间环境中会感觉放松，同时，具有地域特色的生态广场景观设计能够成为展示城市特色与历史文化的窗口，成为生态广场的标志性景观。

第四节 生态住区景观艺术设计

随着城市生活节奏的不断加快，城市居民迫切需要一个随时可以放松休闲、愉悦身心的住宅环境。为了满足城市居住小区居民的客观需求，生态住区景观设计中，引入微型广场，为居民提供一站式的生活享受，包括视觉上的园林景观艺术、生活上的休闲健身娱乐等。这里主要以微型广场为理念，探讨生态住区景观的设计。

重庆湖山樾住区生态景观设计（盒子设计）

一、生态住区景观设计要素

（一）景观绿化

住宅小区景观设计的要点，要求尊重自然、因地制宜，观赏性与功能性兼备。优秀的景观设计不仅可以带来赏心悦目的享受，而且能够促进居民之间的交流、运动和休息。

（二）地面铺装

微型广场的主要交通方式是人行交通。在景观设计中，地面铺装不仅要满足色彩、质感、尺度、韵律等视觉享受，还需满足一定的功能性，即人流导向性、分隔空间、组织空间等。微型广场在生态住区景观设计中占有很大比重，微型广场既要保持独立性，又要和园林景观融合、协调，也可体现一定的文化特色。

二、生态住区景观设计

（一）设计原则

生态住区景观设计的基本原则：（1）人性化，要充分考虑到小区居民的需求，发挥小区景观设计的绿化、美化、净化等功能；（2）开放式，小区景观设计向所有居民开放，便于居民欣赏、休息及娱乐；（3）园林式，住宅小区的景观设计提倡园林式，以提高住宅景观的设计品位，将视觉享受与日常生活密切结合；（4）功能性，景观设计的功能应当明确，表现为当人们休闲、娱乐时为其提供环境和场地，并使其愉悦地进行各种活动。

（二）景观设计

进行城市住宅小区景观设计时，考虑到小区绿化空间有限，分析景观中的几点设计：（1）绿植采用高、中、低的立体层次绿化，高低错落，主次分明，丰富多彩，疏密有致。绿化层次表现是不可缺少的设计方法。低层，以大面积的绿地草坪为主，中层以灌木和矮乔木为主，高层则选择大乔木或中乔木。国内某些大型房地产商，已经采用五重层次的绿化景观，绿化层次丰富多彩。（2）山景与水景设计，在绿化景观中，采用"簇拥"的设计方法，集中在某一个观景点，或两者共同构成小型的观景台，便于居民驻足观赏。如某住宅小区，借传统叠山理水之手法，设计一处山水景观，北为高低起伏的塑石假山，瀑布倾泻而下，落入鹅卵石巧妙点缀的水池中，颇有山得水而活，水依山而媚的感官效果；（3）景观设计时，注意植物的选择和搭配，常绿、落叶植物相间，优化选择藤本植物及草本花卉，延续植物的花期，设计中，提倡三季花开、四季常绿，提高景观的可观赏性。如武汉市的花期，春季有红叶碧桃、白玉兰，夏季有紫薇、花石榴，秋天有红枫、桂花，冬天有梅花、山茶等。（4）生态住区景观设计期间，可以设计多条石径小路，营造"曲径通幽处"的环境，细腻优美，移步换景，体现出"苏州园林式"的设计手法。

（三）中庭广场设计

中庭广场的设计需要注重比例、尺度、图案等，要考虑人的行为惯性和心理需求，要具备安全、实用、耐久的特征，通过合理设计活动场所，为居民提供休闲、娱乐的场地。中庭广场设计时，需要调查城市住宅小区中居民的年龄结构，准确地定位广场的功能。例如：某住宅小区临近汉江边，小区中庭广场设计迎合江景，采用了独特的"行云流水"主题，以水系贯穿整个小区的景观，富有灵动和激情。小区景观设计主要围绕两个小广场，灵活布置。其中一个以喷泉为主题，布置有石砌拱桥，有"小桥流水，小家碧玉"之感。另一个以运动为主题，围合成下沉式圆形广场，安装健身器材、儿童滑梯等设施，同时设计了木制座椅，方便居民休憩。

（四）铺装设计

城市住宅小区中中庭广场的铺装，要符合绿化造景的实际情况。铺装具有导向、分隔、组织、造景的作用。铺装设计具有以下要点：（1）尺度，不同的铺装尺度，能够在景观中形成不同的设计效果。大尺寸铺装时，选用抛光砖、花岗岩等材料，中小尺寸以地砖为主。（2）色彩，铺装的色彩具有衬托的作用，色调与景观相互协调，尽量不要选择色彩鲜明的铺装方式，以免降低景观设计的效果。（3）质感，在城市住宅景观设计中，中庭广场的空间、地域均有一定的限制，因此铺装的质感要细腻，不能过于粗犷，体现出精致、柔和的设计效果。

三、生态住区设计原则

生态住区规划设计的目标是全面考虑满足人的需求和景观形象的塑造，建立居住区不同功能同步运转的机制，建设文明、舒适、健康的居住环境，以满足人们日益提高的物质和精神生活需求。居住区规划设计应遵循以下原则：

（一）以人为本原则

居住区规划设计充分体现"以人为本"，尽可能做到满足不同年龄居民多方面的活动要求。从物质建设上，保障良好的空气环境和日照条件，周密考虑居住区的安全防卫系统的正常运转，例如：交通安全、治安安全、防火防灾、物业管理等。

（二）便利性原则

居住区规划设计用地布局合理，道路顺畅，人车分流，车位配套完善，顺畅公共设施齐全，使用方便。户外场所按功能划分，提供残疾人、老人、儿童等特殊群体的无障碍设施，最终满足人们的生活行为模式及新的生活方式需求。

（三）归属感原则

人对居住环境的社会心理需求，通过居住环境反映自身的社会地位、价值观念。设计中要注意把握居住私密空间和交往开放空间之间的平衡。

（四）艺术性原则

在居住区规划设计中，融入观念、思想、文化，使居住环境有主题、有特色、有灵魂。除了物质条件以外，满足居民在精神和心理方面的需求，使居住区环境有更高的文化品位和艺术魅力。

（五）生态性原则

生态住区景观设计追求以人为本，将人们的生活与美好环境密切相联，住区内可以通过植物改善生态环境，通过智能手段达到监测、康体、娱乐等功能，使居民们真正感受到人与自然的和谐。

第五节　生态公园景观艺术设计

生态公园景观作为城市绿地系统的重要组成部分，架起了一座人与自然联系的桥梁，是城市文明发展的重要标志（图6-5）。经济、社会和科技进步推动了公园绿地景观建设快速发展，而城市化进程的加快，使城市环境问题日益突出，生态公园景观艺术设计成为时代需求的产物。

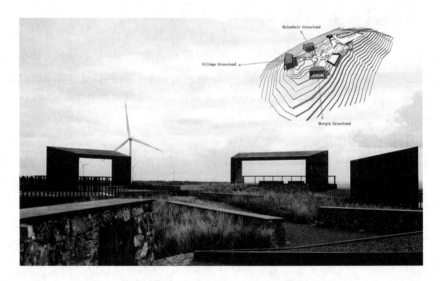

内蒙古敖包山顶公园（中建设计集团）

一、生态公园景观及其发展历史

（一）生态公园景观

生态公园是供公众游览、观赏、休憩、开展科学文化及锻炼身体等活动，有较完善的设施和良好的绿化环境的公共绿地，具有改善城市生态、防火、避难等作用。公园的规划设计要以一定的科学技术和艺术原则为指导，以满足游憩、观赏、环境保护等功能要求。

（二）生态公园景观的发展历史

以往市民的游园娱乐活动多集中于寺庙附属园林，以及城郭之外风景优美的公共游乐场地，城市中几乎没有公共性公园场所。城市公园，是随着社会的蓬勃发展，最近一二百年才开始出现的。真正完全意义上的近代城市公园，是由美国景观规划师奥姆斯特德主持修建的纽约公园。100多年来，公园在寸土寸金的纽约曼哈顿始终保持了完整，用地未曾受到任何侵占，至今仍以它优美的自然面貌、清新的空气参与了这个几百万人聚集地的空气大循环，保护着纽约市的生态环境。

二、城市带状生态公园

带状公园与绿地是当代城市中颇具特色的构成要素，承担着城市生态廊道的职能，对改善城市环境具有积极的意义。若对其进行精心的设计，也可以进一步丰富城市的艺术形象。它的网状分布，为城市居民亲近和接触绿色的开放空间提供了便利，而道路沿线的绿化对于更有效地组织城市交通也会产生良好的效果。

（一）带状公园的景观格局特征

生态公园景观空间形态呈线性带状且具有较高的连接性。一方面可以为生物物种的迁徙和取食提供保障，为物种之间的相互交流和疏散提供有利条件；另一方面，这种线性空间鼓励步行、骑自行车、慢跑等活动，这些活动有益于促进人们的健康。同时可以用来连接城市中彼此孤立的自然板块，从而构筑城市脉络，缓和动植物栖息地的丧失和割裂，优化城市的自然景观格局。

生态公园景观具有良好的可达性和较好的安全性。城市带状公园与广场和矩形公园等集中型开敞空间相比具有较长的边界，给人们提供了更多的接近绿色空间的机会，因此能更好地满足人们日益增长的休闲游憩的需要。而且大多数的城市带状公园的宽度相对较窄，视线的通透性较好，因此许多人都认为这种环境比广阔幽深的公园更加安全。

（二）带状公园的类型

按照城市带状公园的构成条件和功能侧重点的不同，可分为生态保护型、休闲游憩型、历史文化型三种。

1. 生态保护型

在生态上具有重要意义的带状绿地，以保护城市生态环境，提高城市环境质量，恢复和保护生物多样性为主要目的。典型代表主要有两种：一种是沿着城市河流、小溪而建立，包括水体、河滩、湿地、植被等形成的绿色廊道，成为动植物的理想栖息地。另一种是结合城市交通干线而设立的绿带，如上海市外环线绿带、英国伦敦的环城绿带等。这种绿带多位于城市边缘或城市各城区之间，宽度从数百米到几十公里不等，这种绿带在提高生物多样性，防止城市无节制蔓延，控制城市形态，改善城市生态环境，提高城市抵御自然灾害的能力等方面发挥着重要作用。

2. 休闲游憩型

以供人们散步、骑自行车、运动等开展休闲游憩活动为主要目的。典型代表主要有三种：一种是结合各类特色游览步道、散步道路、自行车道、利用废弃铁路建立的休闲绿地。另一种是道路两侧设置的游憩型带状绿地。最后一种是国外许多城市中用来连接公园与公园之间的公园路。这种绿带宽度相对较窄，为形成赏心悦目的景观效果，往往采用高大的乔木和低矮的灌木、草花地被结合的种植方式，其生物多样性保护和为野生生物提供栖息地的功能较生态保护型弱。

3. 历史文化型

以开展旅游观光、文化教育为主要目的。典型代表包括：结合具有悠久文化历史的城墙、环城河而建立的观光游憩带，结合城市历史文化街区形成的景观风貌带等。

这种带状公园在丰富城市景观、传承城市文脉等方面发挥着重要作用，同时还能带来可观的经济效益。

三、城市公园设计

（一）城市公园立意设计

在人的意象中，空间环境是场所，时间就是场合，场所感是由场所和场合构成，人必须融合到时间和空间意义中去，因此这种环境场所感必须在城市环境改造设计过程中得到重新认识与利用。公园的立意也应该以人民大众的愿望为重，满足人们对公园某种功能的需求。

（二）城市公园分区设计

为了满足不同年龄、不同爱好的游人多种文化娱乐和休息的需要，要根据所处的地理环境来确定公园的主要功能分区和相应的形式。面积比较大的公园会相应的比较多，分区时要注意不同功能区域之间的相互联系，动静的合理分布等等。

（三）城市公园的交通设计

公园内的绝大部分面积被处理为草地、树丛、水面或其他"自然"形式，人所活动的区域被局限在有限的园路、广场等铺砌地面上。现代社会的快节奏生活影响到人们的思维和行为方式，人们往往因喜欢走捷径的想法会不顾已有的道路设计，而直线穿越草坪。同时由于开放后，很多周边的居民因工作、学习也经常穿越公园，减少路上花费的时间。因此，公园在向城市完全开放的同时，应更多考虑人们进入公园的交通组织。

（四）城市公园植被设计

一般在公园中园林植物种类比较集中，所以在进行场地分析时，要调查当地在植物配置中，乔木与灌木、落叶与常绿、快长与慢长树种的比例，以及草本花卉和地被植物的应用。设计的主要原则是适地适树，以乡土树种为主，一般来说，本地原产的乡土植物最能体现地方风格，游人喜闻乐见，最能抗灾难性气候，种苗易得且易成活。

（五）公园入口设计

公园的入口是公园给游人的第一印象，它往往是公园内在文化的集中体现。同时，公园的入口也是划分公园内外，转换空间的过渡地带，除了集散功能外，还要注意结合整个公园的性质，所处地位，当地居民、地域文化等进行综合分析。一般通过道路等级的降低、路面材质的改变、与自然地形地貌结合等不同的形态，成为内外空间限定的要素。

四、生态公园景观设计原则

公园规划通常是将造景与功能分区结合，将植物、水体、山石、建筑等按园林艺术的原理组织起来，并设置适当的活动内容，组成景区或景点，形成内容与形式协调，多样统一，主次分明的艺术构图。综合性的公园有观赏游览、安静休息、儿童游戏、文娱活动、文化科学普及、服务设施、园务管理等内容。公园规划和设计必须考虑植物、地形、地貌、气候、时间、空间等自然条件的影响，因地、因时制宜，创造不同的地方特点和风格。公园规划设计应遵守以下原则：

（一）功能适用原则

明确公园的性质和功能特点，围绕功能需求展开设计，创造良好的娱乐条件和户外休闲环境。

（二）创新性原则

随着社会发展，人们物质生活水平进一步提高，广大群众对公园绿地的要求在不断变化，由去公园散心向求知、求乐、求趣转化；由观光型的静态游览向全方位、多样性、可参与型的休闲娱乐转化。公园规划设计中提出新问题、新观点、大胆创新，更好地满足人们对环境的需求，推动社会的进步。

（三）地域性原则

充分调研当地自然条件和人文资源，保护和传承地方特色。

（四）因地制宜原则

尊重土地原有自然文化特征，充分利用公园场地内的植物、水体、山石、地形等自然资源开展规划设计。

（五）可持续发展原则

正确处理好近期建设与远期发展的关系，把公园今后的经营管理、经济效益放在重要位置进行综合考虑，以保证投入的资金能得到应有的回报，使园林职工的积极性得到充分发挥，公园的运作真正地走上良性发展的轨道，达到自我维持、自我发展的目的，保障公园景观的生态效益、社会效益和经济效益，实现可持续良性发展。

第六节 湿地生态景观艺术设计

湿地作为自然界中一种重要的生态系统，在保护生态系统的多样性和改善水质以及调节气候等方面具有重要作用。在现代园林景观的设计中应用湿地景观，能够大大提升现代园林景观的社会效益、经济效益和生态效益，可以有效地保护城市园林景观的生物多样性，更加有效地调节城市的气候，提升城市净水排污的能力，从而丰富城市园林景观的内容，提升现代园林景观的整体层次和品质，促进城市的可持续发展。

三亚红树林湿地生态公园（土人设计）

一、湿地生态景观概述

湿地生态景观是一种水域景观，有可能是天然或者人工的以及长久和暂时的沼泽地、泥炭地，或者是湿原和水域地带，抑或者是静止和流动的淡水、半咸水和咸水水体，也包括在低潮时低于 6m 的浅海区、河流、湖泊、水库、稻田等等。在世界范围内，共有自然湿地 855.8 万 km²，占陆地面积的 6.4%，不足 10% 的湿地，却为地球上 20% 的物种提供了一个适宜的生存环境，湿地生态也被称为"地球之肾"。湿地景观中存在着多种多样的生物，是自然界中一种较为重要的生态系统，对其进行合理的利用和保护，对促进社会的可持续发展具有重要的意义。湿地景观的特征主要包括存在空间数量、时态上以及组成成分和性质都不同的水，生物系统多样性丰富，生态环境较为脆弱，生产力较为高效，具有综合效益等。

湿地景观中的水体景观空间是更为生态的人与人、人与自然之间的交往空间。自 21 世纪初杭州西溪湿地公园获批为第一个国家湿地公园试点以来，截至今天，我国国家湿地公园已有一千多处。湿地公园的水系规划应满足水源补给充足、水质保障措施完善、湿地类型多样三大要点。湿地公园水系规划主要有防洪排涝、水质净化、科普教育、休闲娱乐四个功能，水系规划应以确保湿地水量的供给平衡、促进湿地循环自净、发挥湿地生态功能为主要目标。

二、湿地景观的设计要点

（一）水景平衡性

水是湿地中最多的物质，以湿地水体为依托的景观必然是湿地景观的重要组成部分。湿地诞生形成、发展壮大、更迭演替、衰落消亡到恢复再生的整个过程中，水贯穿始末，可以说水体的好坏健康直接关系到整个湿地的发展状况，把水体资源质量的净化和平衡纳入设计中来是十分必要的。水系规划应以确保湿地水量的供给平衡、促进湿地循环自净、发挥湿地生态功能为主要目标，建立中心城市内河道与外部湿地、水库的联通循环体系，实现水体有序流动，发挥河道、湿地、水库的天然净化作用，增强水体的自净能力，改善水环境质量。

（二）驳岸生态性

水体的岸线部分是水陆交错的过渡地带，具有显著的边缘效应。这里有活跃的物质、养分和能量的流动，为多种生物提供了栖息地。在城市湿地景观的建设中如果不注重湿地驳岸的生态设计，将会破坏水、土、生物、空气的互动关系，水体的自净能力下降也会导致水体富营养化。驳岸的设计力求保护和促成丰富的生态系统，而生态驳岸具有可渗透性，可以充分保证水岸之间水分调节与交换。

驳岸按断面形状可分为自然式和整形式两类。常见的自然式驳岸有山石驳岸、缓坡驳岸；整形式驳岸有立式驳岸、斜式驳岸、台阶驳岸。在驳岸景观设计方面，应建立一个水与岸的自然过渡带，种植具备耐湿性和水生特性的护岸植物，增加水生生物的食物供应量，有效地控制污染物和沉积物，防止土壤养分流失、净化水质。

（三）植物乡土性

城市湿地景观中的水生植物对于水景营造发挥着重要的作用。常用来造景的水生植物主要有湿生植物、挺水植物、浮水植物和沉水植物等。水体中的水生植物除了能够满足观赏的特性外，还能够有效地吸收水中的污染物，如重金属汞、铜、铁等，起到净化水质的作用。水生植物的设计应用不仅能够改善水体的自净能力，还能够为水中的鸟类、鱼类动物提供必要的生存场所。水生植物是维护湿地生物多样性的重要材料，可以通过种植丰富的水生植物来恢复湿地的生态系统。

选择自然群落环境中的优势物种和常见物种进行植物配置，也就是我们经常提到的"乡土植物"。乡土植物是自然界瞬息万变长期选择的结果，它能够良好地适应和抵抗当地的极端天气带来的温度刺激伤害和洪涝、干旱、病虫害等恶劣环境侵害。有些湿地环境中，即便是经过驯化的外来物种，起初还能够比较好地适应当地的自然环境，但当突发性灾害来临时，外来物种受到伤害是必然的。另外，充分考虑地域差异，根据不同的地理条件、不同的周边环境，选用适宜的水生植物，构造原有植被系统，也是景观生态设计的体现。

（四）科普教育性

湿地的人文景观设计主要是利用各种湿地的景观、文化要素来创造出具有典型地域湿地文化特点的湿地景观，让景观的参与者感受到不一样的风情。湿地人文景观中包含湿地周边环境中人类生产生活中的生活方式、风俗习惯、道德环境观念等。在进行湿地公园建设时，应该注重挖掘当地的特色文化，保留历史赋予这片土地的精神文明，在这基础之上，运用先进的设计思想和手段，进行合理创新，既展现地域特色，又体现出时代性。

湿地水体景观空间场地在规划设计时应充分体现其教育性，如户外湿地课堂场地设计、湿地知识的展示型标志牌设计等，对湿地公园水体景观场地、人工设施、焦点景观等的设计上都应以实现可视性教育为目标。湿地的人文景观规划应该实现湿地资源的恢复与保护、湿地地域文化的传承保留和景观生态教育体验等多方面的使用功能。

三、湿地生态景观的作用

（一）有利于调节城市气候

将湿地景观运用于现代园林景观设计中，能够起到很好的调节城市气候的作用，这主要是由于城市湿地景观系统中的水分经过蒸发以后，形成水蒸气进入大气中，然后又通过降水的方式降落到该区域中，能够有效地保证该区域的空气湿度和降水量，从而调节城市气候，提升城市环境的质量，缓解城市的热岛效应。

（二）明显改善城市水体污染状况

城市湿地景观还能够明显改善城市水体污染状况，具有净水排污的功能。由于城市化进程的大大加快和城市人口的不断增加，城市污水排放量越来越大，导致城市水体污染较为严重。将湿地景观运用于现代园林景观设计中，能够运用城市湿地系统中多种多样的生物群落，对城市的水体进行净化，可以明显改善城市水体污染状况。现阶段，我国城市湿地景观分为地表径流湿地和水平低下水流人工湿地两种，在改善城市水体污染方面具有较为明显的效果，且具有较高的经济性。

（三）可以有效保护生物的多样性

湿地景观作为一种生态系统，其中包含各种各样的生物，生态系统较为复杂，且具有较高的稳定性。在现代园林景观设计中运用湿地景观，将湿地景观和现代园林景观相结合，使其相互协调，能够达到保护城市湿地系统生物多样性的目的，促进城市的可持续发展。

（四）有利于丰富现代园林的内容

在进行传统的园林景观设计时，人们往往不重视对湿地景观的设计，即使其中存在一部分水景设计，也并不具备湿地景观系统的作用。在现阶段，由于人们对湿地景观的优点已经有一个较为深入的了解，湿地景观被越来越多地运用到现代园林景观设计中。大量的城市湿地景观设计案例告诉我们，在进行城市湿地景观设计时，不能只考虑湿地景观的特征，还应该建设大量的绿地，应该通过运用大量的水生植物对城市湿地系统进行调节和改善，充分发挥现代园林湿地景观的社会效益和生态效益，还有利于丰富现代园林的内容。这就要求在对现代园林湿地景观进行建设时，进行部分旅游业的设计，这样不仅能够发挥湿地景观的作用，还能够充分发挥园林的观赏价值。

第七节　原生态景观艺术设计

从整体上来说，园林景观设计过程中必须要融入一定的原生态环境特征，要基于不同地域的实际状况合理设计、保障其持续利用，综合应用各种景观设计元素，彰显园林景观设计与原生态环境利用的价值与效能，进而在根本上提升园林景观设计的质量与效果。

一、园林景观设计与原生态环境利用现状

园林景观设计就是在园林建设过程中通过对各种自然因素及人工要素的整合、创造，对环境空间进行系统安排的一种满足人们审美需求的景观设计方式。在园林景观设计过程中主要是以空间审美为主要因素，综合艺术、工程技术等学科，基于物质化的方式彰显其自身的价值与内涵。在实践中就是在特定的区域范围中，通过景观艺术以及工程技术方式对其地形、植物、建筑物等进行创造的过程。

劳伦斯·洛克菲勒自然保护区原生态景观设计

园林景观设计具有一定的美学价值，在设计过程中必须要综合原生态环境状况对其进行合理利用，这样才可以推动生态可持续发展，然而在城市的发展过程中，园林绿化工程建设虽然得到了迅速发展，但是在园林景观设计过程中存在的问题也逐渐凸显，在多数园林景观设计过程中缺乏对原生态环境利用的重视，这种状况对于园林景观设计工作的发展以及环境保护工作来说是极为不利的。其主要表现在以下几点：在进行园林景观设计与规划中对于原生态保护缺乏重视，对原生态环境产生了一定的破坏与影响，导致原生态环境中的山体、水系以及自然植

被等受到影响与破坏。例如，在进行园林景观设计过程中原等生态山体进行破坏，进行人工山体的重新建设等。在园林景观设计施工过程，并没有对当地原生态环境进行系统分析，导致在建设过程中给当地的原生态环境造成了破坏与影响，导致环境污染等问题出现，严重的甚至导致生态发展不平衡，诱发各种自然灾害问题。在进行园林景观设计以及施工作业中缺乏对原生态环境的合理利用，盲目地进行景观再造，出现各种资源浪费问题，直接导致工程成本造价的提高，导致各项资源、资金以及人工出现过度投资及浪费的问题。在进行园林景观设计与施工中缺乏对地域文化及历史文化的重视，在建设过程中生搬硬套，导致园林景观与城市文明不统一，缺乏和谐性，直接影响了整个园林景观设计以及破坏原生态环境，不利于园林景观行业的长足发展。

二、园林景观设计与原生态环境利用的方式与手段

在进行园林景观设计与原生态环境利用过程中必须基于地方状况、持续性原则以及综合性的原则，系统整合园林景观设计与原生态环境两种因素。

（一）基于地方状况，合理进行园林景观设计与原生态环境利用

在进行园林景观设计与原生态环境利用中，为了彰显生态规划的基础性原则，做到因地制宜，通过实际调查分析，了解不同的地形、历史因素、文化特征以及地貌等因素，进而构建和谐的、稳定的生态环境系统。在进行园林景观设计过程中必须不同地域的自然景观综合状况及实际特征，合理设计，避免盲目应用各种设计理念，避免过度的通过草木移植等方式实现所谓的"城市美化"，要综合美学、自然景观、植物以及生态环境等进行系统融合，将人与自然充分融合，进而实现自然环境的保护。在进行园林景观设计过程中，必须要综合地方资源，综合地方的人文环境及自然景观，基于生态环境保护的角度对其进行系统规划，强化生态环境的指导规范作用，综合地域地形、地貌以及基础特征作为主要依据，保障原有水系、植被、地形地貌等特征，保持其原有的自然风情，合理设计，强化自然保护，提升园林景观设计与原生态环境利用效果。

（二）基于持续性原则，合理进行园林景观设计与原生态环境利用

在进行园林景观设计与原生态环境利用过程中必须具有一定的持续发展理念，要基于环境保护、自然发展的角度进行园林景观设计，进而推动其持续发展。必须要构建一个健康、稳定的生态环境系统，合理分析不同植被、树木在整个园林景观设计中的作用。在设计过程中综合不同因素进行系统设计，设计人员要合理应用各种元素，始终坚持因地制宜的基础性原则，避免在整个园林景观设计中存在资源浪费等问题；要合理应用各种新能源，通过对风能、清洁能源等进行合理应用，实现资源最大化利用及循环利用，避免在设计中出现资源浪费、污染等问题，这样才可以强化地方生态环境的约束能力，构建一个完善的、系统的资源保护系统。

（三）综合性利用园林景观设计与原生态环境，凸显生态价值

在进行园林景观设计过程中，必须要对各方面因素进行系统分析，要综合社会资源、经济

条件、自然生态环境以及审美等因素，进而构建一个舒适、和谐的园林景观环境。必须要处理好人与城市园林景观之间的关系，避免资源、财力以及物力等因素的过度损耗与浪费。同时，必须要合理应用自然群落因素，充分综合人类活动各项需求，综合利用各种自然生态种植资源，合理配置植物种类。对此，可以综合以下两个条件进行合理设置。

1. 系统分析，合理进行生态种植

在进行园林景观设计与原生态环境利用过程中，必须要合理地应用本土植物，避免盲目地应用外来植物，要尽可能应用一些具有实用性及存活率高的植物，进而强化设计质量。同时，在进行植物配置过程中必须要合理配置，科学养护处理，进而凸显其生态效果，利用植物生态特征及相生相克的生态原理，构建完善的园林植物群落，彰显园林植物景观设计的多样性，将园林景观设计与原生态环境利用进行充分融合。

2. 综合配置植物种类，彰显生态特征

在进行园林景观设计过程中最关键的就是植物的配置，多样化是园林景观设计与原生态环境利用的重点。在设计过程中必须要综合不同植物的特征合理配置，通过对植物种类、色彩、高矮等进行分析，凸显植物的不同功能特征，进而保障整个园林景观设计与原生态环境利用的健康、绿色以及环保价值。

三、原生态景观设计的内容

景观生态学主要体现在自然保护区规划设计、农业景观生态设计、城市景观生态设计、工矿地区景观生态修复以及生态旅游开发等。

（一）自然保护区景观规划设计

自然保护区是指受国家法律特殊保护的各种自然区域的总称，不仅包括自然保护区本身，而且包括国家公园、风景名胜区、自然遗迹地等各种保护地区。21 世纪初，加入联合国"人与生物圈保护区网"的自然保护区有：武夷山、鼎湖山、梵净山、卧龙、长白山、锡林郭勒、博格达峰、神农架、茂兰、盐城、丰林、天目山、九寨沟、西双版纳等。在自然保护区景观规划设计中应该有生物保护优先的意识，考虑种群与整体景观空间相结合，促进生物群落的基因交流，综合考虑各类景观因子对生态系统的影响。

（二）农业景观生态设计

农业景观指农业中可用来观赏的部分，一般建设以自然村为主景点，针对这种村庄与景点混杂的特点，逐步引导当地百姓从常规农业种植转向景观农业开发，大力发展特色农业，着力打造村景、山景、水景、田园景相结合的生态农业观光示范基地。农业景观生态设计追求自然和谐，讲究"天人合一"的哲学思想，将科技和人文融入农业发展，拓展农业功能、整合资源，把传统农业发展成融生产、生活、生态为一体的现代农业。

（三）城市景观生态设计

城市景观指城市中由街道、广场、建筑物、园林绿化等形成的外观及气氛。城市景观要素包括自然景观要素和人工景观要素。其中自然景观要素主要指自然风景，如大小山丘、古树名木、石头、河流、湖泊、海洋等。人工景观要素主要有文物古迹、园林绿化、艺术小品、商贸集市、建构筑物、广场等，它可使城市具有自然景观艺术氛围，使人们在城市生活中具有舒适感和愉快感。城市景观生态设计是将城市景观放在环境、生态、资源层面进行研究，包括土地利用，地形、水体、动植物、气候、光照等自然资源在内的调查、分析、评估、规划、保护，注重将自然引入城市，文化融入建筑，实现可持续发展的现代生态文明城市景观建设，例如：城市绿地建设、景观廊道建设等。

（四）工矿地区景观生态修复

工矿地区指工业、采矿、仓储业用地的区域。工业用地即工业生产及其相应附属设施用地；采矿地即采矿、采石、采砂场、盐田、砖瓦窑等地面生产用地及尾矿堆放地；仓储用地即用于物资储备、中转的场所及相应附属设施用地。工矿地区景观生态修复的目的是因地制宜建立一个协调、稳定、效益好的景观生态系统，促进区域的可持续发展。

（五）生态旅游开发

"生态旅游"是由世界自然保护联盟（IUCN）于20世纪80年代首先提出，以有特色的生态环境为主要景观的旅游。20世纪末，国际生态旅游协会把其定义为：具有保护自然环境和维护当地人民生活双重责任的旅游活动。生态旅游是指以可持续发展为理念，以保护生态环境为前提，以统筹人与自然和谐发展为准则，并依托良好的自然生态环境和独特的人文生态系统，采取生态友好方式，开展的生态体验、生态教育、生态认知并获得身心愉悦的旅游方式。生态旅游开发应该尊重生态系统的完整性，保持生态系统本土性，并打造合理的旅游资源结构。

随着经济的高速发展，社会在进步，环境却在一步步遭到破坏，打造原始的生态环境已经成为今后现代园林景观设计的主要发展趋势。提升园林景观设计与原生态环境利用的经济效益、社会价值以及生态效益，在建设发展的基础上，努力维护新的生态平衡，这样才可以提升园林景观设计的整体品质。景观设计用最精美的语言表达人类对大自然的情感，进而为人与自然和谐发展奠定基础。

第七章 可持续发展与环境艺术设计

第一节 可持续发展与环境艺术设计概述

一、可持续发展战略与人类当前的生存状态

（一）可持续发展战略概述

众所周知，可持续发展是 20 世纪 80 年代提出的一个新的发展观。这一观念的形成和提出完全是为了顺应时代的变迁和社会经济发展的需要。20 世纪 80 年代，基于对现代工业、商业活动所引发的一系列地球资源和生态环境危机的理性思考，经过与会者的反复磋商，第 15 届联合国环境署理事会通过了《关于可持续发展的声明》。

可持续发展是指人类社会能够健康延续，既满足当前需要，又不削弱子孙后代需要的发展。可持续发展还意味着维护、合理使用并且巩固、提升自然资源基础，这种基础支撑着生态抗压力及经济的增长。可持续的发展还意味着在发展计划和政策中纳入对环境的关注与考虑。可持续发展的核心思想是健康的经济发展应建立在生态可持续能力、社会公正和人民积极参与自身发展决策的基础上；它所追求的目标是既要使人类的各种需要得到满足，个人得到充分发展，又要保护资源和生态环境，不对后代人的生存和发展构成威胁；它特别关注的是各种经济活动的生态合理性，强调对资源、环境有利的经济活动应给予鼓励，反之则应予摒弃。

所谓可持续发展战略，是指实现可持续发展的行动计划和纲领，是多个领域实现可持续发展的总称，它要使各方面的发展目标，尤其是社会、经济与生态、环境的目标相协调。20 世纪末，联合国环境与发展大会在巴西里约热内卢召开，会议提出并通过了全球的可持续发展战略——《21 世纪议程》，并且要求各国根据本国的情况，制定各自的可持续发展战略、计划和对策。之后，国务院批准了中国的第一个国家级可持续发展战略——《中国 21 世纪议程—— 中国 21 世纪人口、环境与发展白皮书》。

正如中国科学院可持续发展战略研究组撰写的专文指出的：可持续发展问题，是 21 世纪世界面对的最大的中心问题之一。它直接关系到人类文明的延续，并成为直接参与国家最高决策的不可或缺的基本要素。难怪"可持续发展"的概念一经提出，在短短的几年内，已风靡全球，从国家首脑到广大社会公众，毫无例外地接受其观念和模式，并迅速地引入计划制定、区域治理与全球合作等行动当中。联合国可持续发展委员会正在努力促进全球范围内对于可持续发展的全面行动。世界上人口最多的中国，更是把可持续发展作为国家基本战略。凡此种种，

足证可持续发展的理论和思路，正作为一种划时代的思想，影响着世界发展的进程和人类文明的进程。

（二）地球资源与人类生存状态

早在 21 世纪初，来自 95 个国家的 1360 名科学家就联合发布了报告，详细列举了令世人触目惊心的一系列数字，宣称世界资源的三分之二已被耗尽。迄今为止，为了人类所需的食物、淡水、木材、燃料，被开垦为农田的土地比 18、19 两个世纪的总和还要多。地球陆地 24% 的面积已被开垦为耕地，导致森林的过度采伐。这可能导致疟疾、霍乱等传染病的肆虐，甚至引发更可怕的未知疾病。人类现今消耗的地表水已占所有可利用淡水总量的 40% ～ 50%。至少 1/4 的渔业储备已遭人类过度捕捞。一些地区的可捕鱼数量已经不足大规模工业化捕捞开始前的 1%。20 世纪 80 年代以来，全世界 35% 的红树林、20% 的珊瑚礁已经毁灭，许多滨海地带抵御海啸的自然屏障不复存在。

世界的局面不容乐观，具体到中国，资源和环境的状况又是如何呢？中国是世界上人口最多的国家，从统筹资源的角度看，中国人均拥有的耕地、淡水、能源、矿产等在世界上无可夸耀，14 亿人口的生存发展需求无比巨大，地大物不博已是不争的事实。在推动人类历史上最大规模的工业化与城市化进程的同时，环境也蒙受了空前的劫难。可能不需等到下一代，我们这一代人就会承受这些灾难。

二、艺术设计与人类社会的关系

（一）艺术设计的正面效应

如果从本原的意义上理解，"设计"与人类制造活动的关联可谓历史久远，最原始的工具、武器、炊具、居所……在其产生之前都有构想、设计的过程。与人的制造行为相伴生的审美思考应视为"艺术设计"的原初形态。从手工业时代到工业时代再到后工业时代，人类的设计意识和在设计上着力的强度一再增加，艺术设计已完全纳入社会的产业链和生态链，人类今日和明日的生活形态和生存质量基本取决于艺术设计的水准。

现代艺术设计几乎是无所不在，已经渗透到人类社会的一切领域。艺术设计在所有与人相关的环境设计中，起着整合自然与人文审美要素的作用，同时，也在很大程度上决定着环境利用的质量和效率。当代环境艺术设计在此领域发挥着重大作用。

艺术设计决定着人类所享用的、可感知的物质和精神产品的形态样貌。换句话说，决定着绝大多数产品的审美品质。无须一一列举，与产品制造相关的各个设计专业在此领域当仁不让。正是由于艺术设计所重点把握的造型、质感、色彩等设计要素，不可避免地要与实用的、功能的、制造工艺等设计要素有机结合起来，现代人类的制造活动中，艺术设计早已超越了"唯美"的、"化妆"的层面，它能够统合产品的实用与审美功能而关乎产品的综合品质。优秀的产品，无不融合了艺术与科学技术、蕴含着设计智慧，这种设计的"含金量"，决定了艺术设计所创造的价值往往大大超过了产品的原料及加工成本。艺术设计对于提升综合国力的作用有目共睹。

艺术设计在商品的流通领域更是不可须臾或缺的。从商品的品牌、形象、包装、广告到商品展销的场所环境，艺术设计全面承担了展现、宣传、推介的职能，离开艺术设计的营销活动几乎难以想象。

艺术设计在现代信息传播中的作用更是有目共睹。信息与其载体以及各类传播媒介都需要形象设计，从传统的书报杂志到电视和多媒体，再到电子信息网络，艺术设计在信息流布的过程中先期达成的"信息设计"，是人类获取信息的效率和质量的重要保障。

（二）艺术设计的负面效应

与世间万事万物都有两面性一样，除了上述的正面作用，在迷失方向、缺失良知、丧失道德的情况下，艺术设计在社会生活中也能起反面作用，可以通过误导等手段充当谋取不当利益者的工具；也可以打着丰富品种、刺激消费、更新换代或增添附加值等旗号，制造"设计泡沫"、美化伪劣产品以及超量产出"包装垃圾"，加剧地球资源的浪费和环境的污染。

以艺术设计中直接服务于商业的包装设计为例。也就是十多年前，中国出口商品质量上乘但包装低劣，在国际市场上缺少竞争力，许多中国产品被外商更换包装而大赚一笔，仅此造成的年损失达一亿美元。为急起直追，中国包装行业以 15% 的发展速度连年递增，在提升包装水准的过程中也结出包装过度的恶果。

服务于所谓"高消费群体"的豪奢艺术设计，表面上看是市场行为：有需求就有供应，有收入水平差异就有消费档次区分。然而，剖析一下倡导"贵族"生活方式的艺术设计行为，从根本上说是与可持续发展理念背道而驰的。艺术设计与人类社会不可分割的关系，它导致的正面和负面效应确实应该全面深入地进行探讨和研究了。

三、当代中国艺术设计的战略定位

中国在可持续发展道路上的脚步，无法绕开的是对艺术设计的战略定位。

（一）正视艺术设计的学科定位

20 世纪末国务院学位委员会已经决定将招收研究生专业目录中原"工艺美术学"改为"设计艺术学"。

按传统的看法，在自然经济体制下，手工制品的设计属于工艺美术范畴；为与"工艺美术"的手工艺（还曾被称为特种工艺）品性脱开，有必要将现代工业社会批量化、标准化生产的产品设计界定在艺术设计范畴。其实，工艺美术与设计艺术的概念无法彻底分开，一则在"艺术设计"用语广为应用之前的现代中国设计实践均是在"工艺美术"的旗号下进行的，培养艺术设计人才有近五十年历史的前中央工艺美术学院的校名即是例证；二则当代的工艺美术创作设计可以将手工艺的形态特征与现代观念和生产方式结合起来，其作品完全可以属于艺术设计的范畴。

艺术设计学是一门多学科交叉的、实用的艺术综合学科，其内涵是按照文化艺术与科学技术相结合的规律，为人类生活而创造物质产品和精神产品的一门科学。艺术设计涉及的范围宽广，内容丰富，是功能效用与审美意识的统一，是现代社会物质生活和精神生活必不可少的组成部分，直接与人们的衣、食、住、行、用等各方面密切相关，可以说是直接左右着人们的生活方式和生活质量。

理论上的学科定义并不复杂，但是对艺术设计专业的社会认知度则存在很大问题。对于艺术设计行业的产值、利润似乎也不缺少全国性的统计数字。例如，21 世纪头五年与环境艺术设计相关产业的经济总量已达 8000 亿元人民币。尽管如此，中国社会对艺术设计的重视程度远远没有到位，在许多人心目中，设计师是自由职业的个体劳动者，还没有真正认识到应该把艺术设计当成产业来打造，艺术设计产业就是未来的竞争力。

艺术设计涵盖的每个具体专业都对应着国民经济庞大的产业系统，艺术设计在现代产品制造过程中起着至关重要的作用，在城乡规划建设中的地位也是无可替代的。艺术设计对于国家综合国力的提升意义重大。

（二）培养艺术设计人才和建设艺术设计师团队

我们应该把艺术设计的兴衰成败与国家的命运前途紧紧联系在一起，应该从战略的意义上明确一条艺术设计产业化的道路，提出"打造设计大国"的响亮口号。艺术设计人才的培养在中国有着悠久的历史，过去是以师徒传承的方式进行的，学校方式的艺术设计教育在 20 世纪初才开始。新中国成立后，这一学科在高等美术院校得到比较正规的发展，50 年代中期，艺术设计教育作为独立的学科得到系统发展，60 年代起开始培养研究生，80 年代进入硕士、博士学位的培养阶段，该学科得到全面的发展，为国家建设输送了不少人才。尽管有国家的艺术设计教育规划，面对社会现实不能否认，中国对于艺术设计专业人才的培养尚停留在市场调节的阶段。

（三）办好艺术设计院校

从理想到现实是一个由点到面的传播过程，先进的理念亦是如此。作为理论与实践的集合体，学校承担了为社会和国家培育人才的重大责任，同时也对社会价值观和社会舆论产生重要导向，先进的思想和理念往往在这里形成和传播。学校还是通过理论研究和设计实践解决社会问题的学术集合体。因此，在艺术设计院校要加大可持续发展战略思想教育的力度。

作为以知识和道德为载体的教师，首先强化可持续发展战略意识和环境生态意识，提高自身的修养和素质，加强设计生态学与本专业关系的研究，把可持续发展战略的核心思想融会贯通在艺术设计专业教学过程中，使正确的价值观能够在学生中迅速传播，继而影响整个艺术设计行业乃至整个社会。

有了好的传播源，传播媒介就显得至关重要，学生作为先进思想的最直接受益者和扩散体系，其作用不可忽视，而未来从事艺术设计专业的学生将是可持续发展战略最直接的执行者，在对其进行思想教育和专业教育时，应始终贯穿可持续发展的设计理念，培养他们良好的职业道德水准，牢固树立可持续发展的绿色意识是艺术设计第一意识的观念。

可持续发展的设计理念不是口号，不能仅仅靠教师课堂即兴发挥讲解，还应开设固定的专门课程以及通过专题报告、讲座的形式大力宣传。除了学生在校时期的培养，还应该成为终生教育的内容。面对社会上很多从业人员这方面教育程度不足的现状，对已经从事相关行业的设计人才可以通过各个单位的培训或者重返学校进修的方式进行再教育。随着时间的推移及人才的新老交替，可持续发展战略教育的作用将会最大化地在设计产业中体现出来。

由于艺术设计师可以创新风格、打造时髦、推动流行，充当一般民众的消费引导者，通过他们精心设计的体现可持续发展理念的产品，能够直接让广大群众在使用过程中接受教益。这是一种社会教育的方式，是提高全民环境意识、推行可持续发展战略的高效手段。

对应上述总体目标，承担着构建生存环境、转换生产观念、改变生活方式、提升生活质量重任的艺术设计各个专业，理应从战略上制定明确的纲领和目标，以求真正与可持续发展战略同步、同轨，成为其不可或缺的有机组成部分。

概言之，与全面小康社会"幸福、公正、和谐、节约、活力"等条件对照起来讨论，艺术设计能在一定程度上制定幸福的标准，是人类实现幸福的重要手段；艺术设计能够参与合理分配资源，用全面平等的设计关怀体现社会公正；艺术设计能调节人与自然，人与社会以及人与人之间的关系，达到和谐；艺术设计能在实践中节约能源、节约资源、节省工料、加大回收利用系数，达到全方位节约；艺术设计本身具备持续创造的品性，能促进良性生产和消费，保障社会活力。

第二节　基于设计艺术的环境生态学的战略选择

一、生态文明建设提出的背景

进入 21 世纪，"环境危机"并非只是一种威胁土地或非人类生命形式的事情，而是一种全面的文明世界的现象。人类文明在跨过了原始蛮荒，经历了农耕文明和工业革命的漫长发展过程之后，已经获取了主宰整个世界的能力。

地球上生命的历史一直是生物及其周围环境相互作用的历史。可以说在很大程度上，地球上植物和动物的自然形态和习性都是由环境塑造的。就地球时间的整个阶段而言，生命改造环境的反作用实际上一直是相对微小的，仅仅在出现了生命新种——人类之后，生命才具有了改造其周围大自然的异常能力。20 世纪 60 年代美国学者蕾切尔·卡逊在其著作《寂静的春天》中为这种异常能力的后果，描绘出一幅可怕的图景：在人对环境的所有袭击中最令人震惊的是空气、土地、河流以及大海受到了危险的甚至致命物质的污染。这种污染在很大程度上是难以恢复的，它不仅进入了生命赖以生存的世界，而且进入了生物组织内，这一罪恶的环链在很大程度上是无法改变的。并非杞人忧天，也许等不到地球自然生命的终点，人类就可能亲手毁掉自身唯一的家园。身处后工业文明时期十字路口的我们，正面临何去何从的抉择。

如何在环境与发展间取得平衡，重新回归与自然环境的共处，人类开始寻求新的发展道路。

直到 19 世纪 90 年代生态学才被认为赢得了一门学科的地位，然而，只有生态学的原则才能引领人类走出困境。在我们的价值观、世界观和经济组织方面，真正需要一场革命，因为我们面临的环境危机的根源在于追求经济与技术发展时忽视了生态知识。而另一场革命——正在变质的工业革命——需要用有关经济增长、商品、空间和生物的新观念的革命来取代。我们需要在思想意识层面实现彻底的变革，从而使社会的经济、政治、技术、教育向着生态文明的道路前进。因为，工业文明走入了死路，"现代工业文明的基本准则是……与生态匮乏不相容的，从启蒙运动中发展起来的整个现代思想，尤其是像个人主义之类的核心原则，可能不再是有效的"。整个文化的发展已到尽头，自然的经济体系已被推向崩溃的极限，而"生态学"将形成万众一心的呐喊，呼喊一场文化的革命。20 世纪 80 年代联合国世界环境与发展委员会在《我们共同的未来》的报告中振聋发聩地发出了警告："我们不是在预测未来，我们是在发布警告——一个立足于最新和最好科学证据的紧急警告：现在是采取保证使今世和后代得以持续生存的决策的时候了。"同时，报告中提出了符合生态文明概念的"可持续发展"之路。

21 世纪最紧迫的问题很可能就是地球环境的承受力问题，而解决这一问题或者说是一系列问题的责任，将越来越被视作一切人文学科的责任，而不局限在像生态学、法学或公共政策等专业化的学科中。现代的艺术设计作为社会生产关系与生产力实现的技术环节，当属于工业化社会环境的产物，不可避免地带有时代的烙印。但是在人类即将以生态的理念构建起新的文明殿堂时，艺术设计同样需要面对生态文明的挑战。

毫无疑问，迄今为止通过工业文明所推进的人工环境的发展是以对自然环境的损耗作为代价的。于是从科技进步的基本理念出发，可持续发展思想成为制定各行业发展规划的理论基础。可持续发展思想的核心，在于正确规范两大基本关系：一是人与自然之间的关系；二是人与人之间的关系。要求人类以最高的智力水准与道义上的责任感，去规范自己的行为，创造一个和谐的世界。可持续发展思想的本质，就是要以生态环境良性循环的原则，去创建人类社会未来发展的生态文明。

艺术设计的运行必须建立在环境生态学的理论基础上，研究如何使用更少的能源和资源，去获得更多的社会财富；如何实现材料应用的循环，产品产出、回收的循环；如何变工业文明的实物型经济为生态文明的知识型经济……总之就是要运用人类的智慧通过科学的设计最大限度地合理配置资源和能源。

建立生态文明的社会形态，是人类能够继续生存繁衍的唯一选择。生存还是毁灭，这不是危言耸听，而是严峻的现实。建立生态文明的关键在于改变传统的社会发展模式，即以损害环境为代价来取得经济增长，这是不可持续的。20世纪80年代，联合国环境与发展委员会在《我们共同的未来》这份重要的报告中提出了"从一个地球走向一个世界"的总观点，并在这样的总观点下，从人口、资源、环境、食品安全、生态系统、物种、能源、工业、城市化、机制、法律、和平、安全与发展等方面比较系统地分析和研究了可持续发展问题的各个方面。该报告第一次明确给出了可持续发展的定义。

建立生态文明，如果仅用工业文明的思维定式，单靠科学技术手段去修补环境，不可能从根本上解决问题。"必须在各个层次上去调控人类的社会行为和改变支配人类社会行为的思想"，使人与自然的关系由工业文明的对立走向生态文明的和谐。解决这样的问题显然需要回到人文科学的层面，在与科学技术的通力合作中找到一条出路。从艺术与科学的角度出发，立足于环境的艺术设计正是可持续发展战略诸多战术层面中一条可供选择的道路。

二、可持续发展战略是艺术设计发展战略的必然选择

可持续发展问题，是21世纪世界面对的最大的中心问题之一。它直接关系到人类文明的延续，并成为直接参与国家最高决策的不可或缺的基本要素。发展是当代中国的第一要务，经过20多年的改革开放之后，中国社会以高速的发展态势冲过了21世纪的门槛。然而中国将不可避免地遭遇到环境与发展的巨大挑战：人口的压力、自然资源的超常利用、生态环境的日益恶化、工业化及现代化的急速推进、区域的不平衡加剧等。研究世界发展进程发现，当国家和地区的人均GNP处于500美元至3000美元的发展阶段时，往往对应着人口、资源、环境等"瓶颈"约束最严重的时期，也往往是经济容易失调、社会容易失衡、社会伦理需要调整重建的关键时期。在这一背景下成功实施可持续发展战略，不仅对我国，甚至对于整个世界来说，都将是一个十分重大的问题。

艺术设计产生于工业文明高度发展的 20 世纪。具有独立知识产权的各类设计产品，成为艺术设计成果的象征。艺术设计的每个专业方向在国民经济中都对应着一个庞大的产业，如建筑室内装饰行业、服装行业、广告与包装行业等。每个专业方向在自己的发展过程中无不形成极强的个性，并通过这种个性的创造以产品的形式实现其自身的社会价值。"环境是以人类为主体的整个外部世界的总和，是人类赖以生存和发展的物质能量基础、生存空间基础和社会经济活动基础的综合体。"从环境生态学的认识角度出发，任何艺术设计专业方向的发展都需要相应的时空，需要相对丰厚的资源配置和适宜的社会政治、经济、技术条件。在这样的情况下，个体的专业发展如不以环境生态意识为先导，走集约型协调综合发展的道路，势必走入自己选择的"死胡同"。

随着 20 世纪后期由工业文明向生态文明转化的可持续发展思想在世界范围内得到共识，可持续发展思想逐渐成为各国发展决策的理论基础。以环境为主导的艺术设计概念正是在这样的历史背景下产生的，其基本理念在于设计从单纯的商业产品意识向环境生态意识的转换，在可持续发展战略总体布局中，处于协调人工环境与自然环境关系的重要位置。界定于环境的艺术设计最终要实现的目标是人类生存状态的绿色设计，其核心概念就是创造符合生态环境良性循环规律的设计系统。

因此，21 世纪中国艺术设计可持续发展战略的制定，对于国家实施总体的可持续发展战略具有实际的意义。设计艺术的环境生态学，试图建立起符合中国国情的、符合环境与发展需求的艺术设计理论框架系统，建立起可供操作的科学的艺术设计相关行业设计立项决策程序。显然，艺术设计可持续发展战略的架构基于理论建设和实践指导两个层面。

第三节　环境艺术设计可持续发展的控制系统与决策机制

艺术设计的孕育过程和物化结果都是通过人脑思维来实现的。艺术设计只有依托于相关的产业才具有存在的价值。尽管艺术设计是工业文明的产物，但只有在工业文明的后期，当信息化、数字化、全球化和全球知识共享成为现实的知识经济时代，才具有作为一门独立的学科和产业服务于 21 世纪中国可持续发展战略的社会意义。

一、艺术设计可持续发展的控制系统

基于"可持续发展"系统下的控制子项——艺术设计控制系统，除了包含系统的一般概念，尤其注重"整体协调""内在关联""交叉综合"三个基本的主要特征。

"整体协调"是指艺术设计系统内部与外部运行相对和谐的机制，即在系统各种因果关联的具体分析中，不仅要考虑艺术设计各专业生存与发展所面对的各种外部因素，而且要考虑系统内不同专业的不协调。当系统整体面对不同的地区与产业，不同的社会机构与个人，艺术设计发展的本质就在于如何以整体观念去协调。这种整体协调要面对各种不同的利益集团，使其能够在不同规模、层次、结构、功能的实体发展中受控于艺术设计系统。发展的总进程应如实地被看作是实现"妥协"的结果。

"内在关联"是指艺术设计系统基于环境概念下的专业整合的内生力，这种内生力在于数学概念上系统内在关系和状态的方程组中的各个变量集合，以及这些变量的调控将影响行为的总体结果。在实际的设计过程中，这种内生力在相互关联的运行中体现于系统的内部动力、潜力和创造力，并影响和受制于资源的储量与承载力、环境的容量与缓冲力、科技的水平与转化力等。

"交叉综合"强调在综合中交叉的作用，而不是简单的叠加，是涉及艺术设计系统发展的各要素之间相互作用的组合。这种互相作用组合包含了各种关系（线性的与非线性的关系、确定的与随机的关系等）的层次思考、时序思考、空间思考与时空耦合思考，既要考虑内聚力，也要考虑排斥力；既要考虑增量，也要考虑减量，最终要把发展视作影响它的各种要素关系的"总矢量"。

系统是由同类事物结合成的有组织的整体。系统论着重从整体与部分之间、整体与外部环境之间相互联系、相互作用、相互制约中综合地、精确地考察对象，并定量地处理它们之间的关系，以达到最优化处理。"整体协调""内在关联""交叉综合"作为艺术设计系统的控制内容，在可持续发展理论的生成中具有重要的意义。因此在艺术设计领域实施可持续发展战略，必须依靠对艺术设计系统的有效控制。

艺术设计对于国家总体可持续发展的意义主要体现于管理的调节能力。决定艺术设计可持续发展的能力和水平，可以通过以下五个支持系统及其间的复杂关系去衡量。

（一）生存支持系统

"生存支持系统"是可持续发展的支撑能力，以供养人口并保证其生理延续为标志。作为艺术设计的可持续发展的支撑能力，具有其自身发展特殊的内在社会含义。

艺术设计通过人脑思维以知识积累与传递的方式创造财富，因此具有典型的知识经济时代特征。当代经济和社会的发展越来越依赖知识创新和知识创造性应用，越来越呈现全球化的态势，实际上，21世纪的人类已然迈进了全球化知识经济的时代门槛。知识经济时代是以信息化作为基础的，信息化以知识为内涵，又成为知识创新、知识传播和知识的创造性多样化应用的基础。随着数字网络化技术的广泛应用，设计者的任何创意都可以通过计算机强大的表现功能完美展现，于是创意的知识信息含金量成为决定最终成果优劣的基础。原创的知识信息具有极高的社会价值，复制的知识信息则不具备市场认可的社会价值，这就是艺术设计界的知识产权问题，这个问题在知识经济时代被放大到足以危害业界生存的严重地步。

国家正处于政治经济运行转型期，社会主义的市场经济尚处于试运行的状态，消费市场同样处于初级阶段，由于知识产权概念的淡漠，以及长期以来在人们思想中对脑力劳动价值的漠视，对于设计价值的认同还较为肤浅，依然用物质的标准来衡量非物质的事物。这种思维方式在具体问题上表现为过分强调投入和产出在物质数量上直接的关联，导致国内艺术设计创作群体处于极为恶劣的生存环境。我们不可能超越时代，但是外部世界留给我们的时间极为有限，建立良性循环的设计市场成为艺术设计可持续发展必备的生存支持系统。如果不能提供这个基础的支持系统，就根本谈不上去满足社会对于设计更高的需求。在逻辑关系上，当"生存支持系统"被基本满足后，就具备了启动和加速"发展支持系统"的前提。

（二）发展支持系统

"发展支持系统"的基本特征表现为：人类社会不满足于直接利用自然状态下的"第一生产力"（即直接利用太阳能所提供的光合作用生产力），而是进一步通过消耗不可再生资源，应用多要素组合能力，生产更多的中间产品，形成庞大的社会分工体系，以满足人们除了基本生存必需之外的更高更多的需求。对于艺术设计的发展支持系统而言，则是专业分工在可持续发展观念指导下，以环境概念进行整合而产生的新型设计体系。

人类社会的发展需求，促使社会生产力不断提高，生产力的发展又促使社会分工的加剧。在社会分工日益精细的大背景下，艺术逐渐与技术分家，成为独立的满足于人们精神审美需求的社会特殊门类。时代的要求呼唤着艺术与技术的全面联姻，从而诞生了现代艺术设计，一种艺术与科学、精神与物质、审美与实用相融合的社会分工形态。以印刷品艺术创作为代表的平面视觉设计，以日用器物艺术创作为代表的造型设计，以建筑和室内艺术创作为代表的空间设计等。从20世纪初到70年代末，现代艺术设计在发达国家蓬勃发展，没有设计的产品就没有竞争力，没有竞争力就意味着失去市场。

然而艺术设计在它的发展道路上依然延续了社会分工演进的基本模式，即从整到分越来越细。从最初的实用美术专业，扩展到平面视觉设计、工业设计、室内设计、染织设计、服装设计、陶瓷设计等一系列门类。每个门类又繁衍出自己的子项。以染织设计为例：扎染、蜡染、水浆印、拓印、丝网印、机印、编织、编结、绣花、补花……几乎每一项都可发展成独立的专业。每个专业在自己的发展过程中无不形成本身极强的个性。从艺术的角度来看，个性强无疑值得称颂，但从环境的角度出发则未必如此。由于任何一门艺术设计专业的发展都需要相应的时空，需要相对丰厚的资源配置和适宜的社会政治、经济、技术条件，而面对"地球村"越来越小的趋势，自然环境日益恶化，人工环境无限制膨胀，导致商品市场竞争日趋白热化。社会分工从整到分，再由分到整是历史发展螺旋性上升的必然。这种由分到整的变化并不是专业个性的淡化，而是在统一的环境整体意识指导下的专业全面发展，这种发展必将使专业的个性在相融的环境中得到崭新的体现。单线的纵向发展，还是复线的横向联合，同样是这个多元的时代摆在每一个设计工作者面前的课题。显然，从可持续发展的需要出发，复线的横向联合模式符合"发展支持系统"在新形势下的要求。

在整个艺术设计可持续发展战略的结构体系中，生存支持系统与发展支持系统之间的关系是相互关联和有序排列的，一般而言，先有生存，后有发展；如果没有生存，也就没有发展。先生存后发展的系统模式代表了两者之间相互衔接的关系。

（三）环境支持系统

"环境支持系统"是艺术设计可持续发展在"人与自然"关系层面的基础支撑系统。艺术设计作为知识经济的创新系统，其最终的目的在于商品的层面，即通过商品的设计来满足人的物质与精神需求。但是这种通过设计的满足必有"度"的控制，如果设计者最大限度地满足人们在这两方面的欲望，就必然会在艺术设计能够达到的领域过分地掠夺资源、能源和广泛意义下的生态系统，所产生的必然结果是破坏了生态环境，即破坏了人类自身生存和发展所必须依赖的基础。于是人们在满足自身的同时又为自己埋下了葬送自己的因素，而且这个负面因素又会随着人类干预自然的强度增大而呈"非线性"地增大，最终完全破坏了人类生存和发展的基础。这个负面因素的集合可以被许可的上限即"环境支持系统"。环境支持系统以其缓冲能力、抗逆能力和自净能力的总和，去维护人类的生存支持系统和发展支持系统。

艺术设计只是人类生存系统文化层面的一个子项，其对整体的生态环境系统的影响在工业文明尚未进入信息时代的前期不是十分明显。随着20世纪后期人类开始进入信息化时代，知识创新和知识创造性应用在社会发展中的作用日益明显，全球经济一体化的态势使21世纪成为知识经济的时代。正是在这样的背景下，艺术设计以其学科的文理综合优势走向了前台，开始扮演重要的角色。因此需要未雨绸缪，将艺术设计的生存支持系统和发展支持系统控制在环境支持系统允许的范围内，只有这样才能优化设计的整体架构，使其得以充分表达。否则超出环境支持系统的许可阈值，将引发原有生存支持系统和发展支持系统的崩溃，如果出现这种情况，不但无法达到艺术设计可持续发展的战略目标，就连自身的生存也将变得无法保证。在组成艺术设计可持续发展的结构体系中，"环境支持系统"是生存支持系统和发展支持系统二者的限制变量，它可以定量地监测、预警前两个支持系统的健康程度、合理程度和优化程度。

（四）智力支持系统

"智力支持系统"作为艺术设计可持续发展战略结构体系中的最后一个支持系统，相对于其他系统而言是最重要且具有目标实现意义的终极支持系统，这与艺术设计的内涵特征有着直接的关系，因为艺术设计的成果本身就是人的智力外化体现。"智力支持系统"在整体的可持续发展战略结构中，主要涉及国家、区域的教育水平、科技竞争力、管理能力和决策能力。所以说智力支持系统是全部支持系统总和能力的最终限制因子。从一个国家可持续发展战略结构的目标设计来讲，智力支持系统的强弱将直接关系到其战略规划目标实现的成败。如果一个地区或一个行业的教育水平和科技创新能力不高，必然意味着可持续发展没有后劲，不具有"持续性"的基础，不能够随着社会文明的进程，不断地以知识和智力去改善、去引导、去创造更加科学、更为合理、更协调有序的新世界。

艺术设计可持续发展战略结构体系中的智力支持系统建构，具备自身的特点。这个支持系统应该由科学的教育、创作、管理、决策四个层面构成。教育是支持系统的基础层，创作是支持系统的操作层，管理是支持系统的协调层，决策是支持系统的目标层。四个层面中目标层处于整个支持系统建构的顶层，成为艺术设计智力支持系统的终极限定层。

（五）社会支持系统

"社会支持系统"是艺术设计可持续发展在"人与人"关系层面的基础支撑系统。在可持续发展战略的整体系统中，"社会支持系统"包含社会安全、社会稳定、社会保障、社会公平等制约要素，是以提高人类社会的文明进步为前提。社会支持系统内部矛盾的平衡，是生存、发展、环境支持系统实施的基础，这个基础一旦被破坏将直接影响前三项系统的支持能力。从这个意义上去作内部逻辑分析，该支持系统是前三项支持系统总和能力的更高层限制因子。

艺术设计的本质在于创造，而创造的过程受控于社会的现存运行机制，涉及社会的道德伦理、经济结构和政治制度。古代社会尽管也有相应的法律，但是以个人意志为决策依据的"人治"是其政治的核心内容。在那个时代具有与艺术设计运行相关概念的事物，无不以体现当时价值观的社会政治来运行，青铜器的形制、服饰佩玉的造型、故宫的建筑空间序列都是其典型的代表。在工业文明的时代，资本利益的最大化成为社会经济发展追求的目标。产品输出的大众化功能需求，成为市场制定统一标准和运行规范的动力，相应的国家政治体制通过制定门类齐全的法律，依据"法治"程序实施社会运行的全面管理。艺术设计的知识产权在相关法律的保护下通过产品实现了社会价值，艺术设计的产品因此成为享受的最佳载体。

二、艺术设计可持续发展的决策机制

艺术设计的运行是一个人脑原创性思维不断深化，同时通过传播媒介外化展现，然后受到更多人脑的判断，又反馈于个体人脑继续发展的循环过程。一般来讲总是要经过若干次循环，才能得到理想的设计成果。在社会需求的层面，也总是期望于下一轮循环中能够得到更好的结果。是否设计概念构思循环的次数越多，成果就一定更好，这是一个需要打问号的问题。作为个体人脑，在生理上是不具备在单一概念和特定时间持续循环思维的。在现实的社会中，就要通过项目的时间限定、招标投标、信任委托等决策方式，来限定人脑欲望对设计结果的无限憧憬。在这里，项目的功能需要是绝对的，而审美需求则是相对的。一个项目如果在功能问题基本解决的情况下，反复纠缠于物像美感的外在追求，就会导致物质与人力资源的极大浪费，成为艺术设计面向相关行业发展不可持续的痼疾。因此，在艺术设计的创作领域，当行业项目的任务目标基本确定后，可持续发展就在于建立科学正确的决策机制。

艺术设计目标的实现是一个复杂的过程。这是一个综合多元的决策体系，任何一个环节的缺失都有可能影响整个系统。就其影响的主要方面而言，决策系统的运行取决于社会需求、设计机构和设计人才三个层面相互影响和相互制约的结果，而社会需求则是影响决策的主导。

艺术设计是一门服务于人的物质与精神需求，并通过商品最终实现其目标的创造性专业。其创造的原动力来自人们生活欲望的追求，生活中的衣、食、住、行等无一不是人的行为使然，商品造就的舒适、美观、方便、快捷等无一不在适应人的感官。因此，人的社会存在所导致的生活欲求是艺术设计赖以存在的基础。在这里使用"欲求"而不用"需求"是想说明人的生活欲望和人的基本需求是不同的，如果只是满足人的基本需求，也就是基本的温饱，那么，也许艺术设计工作者全都要失业。商品所谓的高格调与高品位往往与时尚和奢侈挂钩。以地球有限的资源，永远也无法满足人类毫无节制的欲望。

有学者说：人类文明就是讲道德的人类欲望相加的总和，人类文明史就是人的欲望同道德相互冲突和协调的复杂历史。孔子曰；己所不欲，勿施于人。这是人世间一条有关欲望的黄金公理。18 世纪英国著名经济学家亚当·斯密的思想体系：道德 —— 经济学 —— 道德。他与同时代的一些学者的核心思想是：努力在利己主义和利他主义之间建立起一种完美的平衡。私人利益可以被用来导向社会普遍的利益，或者说，它可以被用来满足其他千百万人的正当欲望 ——"文明的自私"。这个术语或思想即便在今天也是个闪光的关键词。其实"文明的自私"在 18 世纪整个英国资产阶级经济思想界占有主导地位，资本主义社会秩序正是依靠它才确立起来的。所谓符合道德规范的"人欲"，即中国古人所说的"君子爱财，取之有道"。

从可持续发展的概念出发，社会需求层面的决策机制应建立在道德的层面，也就是价值观的导向方面。构建和谐的资源节约型社会，应该成为社会需求层面决策机制定位的核心指导内容。

第四节　中国环境艺术设计行业可持续发展的战略与对策

随着国民经济的蓬勃发展，中国艺术设计行业也进入了一个快速发展的阶段，规模、质量、从业人员数量都发生了巨大的变化。伴随着人民生活水平不断提高，新的消费市场也在不断诞生，于是更多的设计类型不断应运而生。艺术设计行业向人们展示出一片光明的前景。另外，由于艺术设计行业的全面发展，对中国的市场繁荣也产生了巨大的影响。艺术设计同时解决产品的功能和形式问题，从而提高了产品质量也刺激了消费，为市场提供了旺盛的需求力。同时由于产品的质量和形象的提升也极大地增强了民族产业的国际竞争力，使中国企业、中国的产品全面地步入国际舞台，为国家出口创汇、发展经济、增强民族自信心起到了推动作用。

回顾改革开放以来我们生活的变化，衣、食、住、行的改善无不体现着艺术设计行业的巨大作用。中国人民的生活尤其是城市居民的生活已步入一个新的阶段，人们不再满足于基本生活资料的获取，开始追求"多余"的消费，而这种多余型的消费对设计也提出新的要求。面对这种既迫切又模糊的需要，我们的设计群体将以什么样的方式去应对呢？是不断地以消耗资源为代价去满足人的欲望，还是应用非物质的手段唤醒一种精神，即我们的设计究竟扮演一种主动还是被动的角色，去如何创造生活，如何引导消费，这关系着艺术设计的生命力。积极的、有前瞻性的、科学发展观的设计观是需要建立的，如若不然设计面对大众的消费欲望就有迷失方向的危险。

另一方面，在发展的历程中，中国的艺术设计行业已初步形成自己的市场体系，即拥有了一个庞大的设计群体和一个数量可观的消费群体，但由于市场建立的时间较短和发展过快，尚存在许多亟待解决的问题。与此同时，同快速发展的行业相适应的人力资源的培育模式也尚未建立，出现了人才培养模式单一，精英式人才培养和应用型人才培养没有科学的规划等问题，使思想向产品的转化过程中产生了脱节，这也给行业的进一步发展埋下了隐患。

总之中国艺术设计的相关行业既充满活力，又具有远大的发展前景，同时也存在着诸多问题。我们必须对此有一个清醒的认识，应尽快结合中国的实际情况制定一个科学的发展战略计划。由于艺术设计各专业极具综合性，包容科学技术、人文艺术等多种学科，同时又涉及公共管理、人才培养、市场维护等多个方面内容，因而在制定战略和形成对策时不可简单笼统地处理，应该针对其特点分系统、分环节、有目标地制定出一整套发展战略规划。

一、中国艺术设计市场体系的建立

（一）社会需求的增长

近年来，经济的迅速增长，使我国城乡居民收入明显提高，居民消费结构发生明显变化。

电子信息通信产品、住房、汽车、教育、旅游等逐渐成为新的消费热点，居民消费需求升级并且越来越多样化，社会消费结构向着"发展型"转型升级。在新的发展阶段，人们各方面的需求比过去丰富了，人民生活必然有新的阶段性特征。首先，在温饱问题迅速解决以后，城乡居民对教育、卫生、文化、娱乐等需求迅速上升，特别是教育、培训的支出大幅度上升；其次，随着生活水平的不断提高，对生产、生活环境的质量和健康、安全的要求日益提高；最后，随着市场化程度的提高和不确定因素的增加，人口、就业、老龄化、收入分配、公共服务等方面的问题越来越突出，城乡居民对社会保障和公共产品的需求也日益扩大。社会的需求在商品社会中可以看作消费市场，是促进艺术设计产业快速发展的直接动因。

除了整个社会出现了一些公共的需要以外，个人的需求也在不断变化，这种需求的直接起因就是创造"更好的生活"，"好生活"和合理需要一样，是一种价值判断，它关系到人的生存价值问题。一个正派社会不能缺少对"需要"的讨论，这种讨论可以帮助我们以更大的、人类之"好"的视野去看待与我们群体直接有关的"好生活"和社会正义。

（二）个人消费的需求市场的形成

在中国，"需要"是一个问题。新的"需要"观念在 20 世纪 80 年代以后，消费受控者逐渐转变为消费主权者。个体的人的价值开始得到社会的认可，个人的源于生理和心理两方面需求的增长正是这种价值认同的具体表现，艺术设计在技术层面满足了这种不断增长的需求，而变化中的需求又刺激艺术设计行业的专业领域不断扩展。二者形成了市场体系中动态平衡的体系，社会的个人需要形成消费市场的深度，而个人多样的需求又形成消费市场的广度，剧场、住宅、汽车、服装、首饰、电器这些丰富多样的被设计的物品使生活开始变得多姿多彩。生产和消费是构成市场体系的两大因素，一方面生产要满足消费，另一方面又要引导和刺激消费，如此反复循环，才能形成具有活力的市场体系。改革开放以来我国通过自主创新和开放引进，已初步建立起自己的设计和加工产业，并越来越多地介入本土市场，仅就环境艺术设计行业系统的不完全统计，我国已拥有设计师近百万人，产值上万亿元。

关于人的需要的理论，我们用它来讨论什么是对所有人来说都是必要的"好"，我们以它来陈述什么是值得人去过的"好生活"。对需要的认识包含着对人性的认识。人类之所以是自然界中的特殊存在，那是因为唯有人类才会改变自身的需要，唯有人类的需要才形成一部历史，人类为自己造就了需要，这才使人类要求尊重和保护每一个有需要的个体。

二、艺术设计市场的管理体制

无论如何，中国的整个工业化进程是近现代人类历史上一个十分罕见的现象，而中国的这种持续高速增长也成为改变世界现有政治和经济格局的一种最活跃、最具不确定性的因素。

近年来，不仅仅是规模上的变化，生产和设计水平也有了极大的提高，中国现在大概有上百种产品的产量已经位居世界第一，包括手机、彩色电视机、有线通信等，这其中许多是我国该领域的完全自主设计。现在维持很多国家中产阶级生活的主要消费品都来自中国。中国建筑业更是如此，中国的建造规模在全世界遥遥领先，而在建设的过程中本土的设计师发挥了重要作用，数以万计的设计机构以及数十万甚至上百万的设计师群体已经形成庞大的卖方市场。

（一）管理体制的转型

同20年前大相径庭的是，全民所有的体制不再是设计机构的主要模式，集体的、个人的机构越来越多，而且开始成为设计市场的主角。而大量私有制企业的出现也给社会带来许多问题，如恶性的竞争，如功利主义泛滥所造成的市场后劲不足，甚至是对赖以持续发展的资源的破坏等。摆在社会面前最紧迫的问题是尽快建立新的适应社会发展的管理体制。

中国的经济增长和发展已真正地深深植入全球化的进程当中，这种进程不仅仅体现为我们现在已经成为第三大贸易国，体现在中国大量的原材料来自国外，也体现在我们国家在与他国建立互惠的贸易关系的同时，应当对整个世界的经济和社会的可持续发展承担起应有的责任。因此，中国现在的科技政策选择，要遵循一个非常重要的理念，就是要在这样一个大的背景下提出负责任的科技发展战略，提出促进社会和谐的公共政策。

（二）树立正确的行业发展观念

关于树立科学发展观的问题，现在已经得到中国各界普遍的认同，但是它不是一种政治口号，也不是一种政策的宣传，重要的是我们确确实实要面对中国的现实、面对中国的经济增长、面对中国的外部环境、面对中国的特殊结构，需要在一个更为和谐和可持续的理念基础上谋求一种更长远的发展。一个和谐、有效、稳定的社会治理结构很难建立在一个不平衡的社会结构基础上，艺术设计行业的管理也必须牢固地树立科学发展观念，追求生产、消费、资源、科技含量和人文关怀之间的和谐，力求达到共同进步、共同生存的境界。树立这种观点在实际管理的过程中就应该体现一种全局观念，体现管理者与被管理者之间平等互助的关系。

新形势下的政府管理机制的转型，要在中国科学技术发展公共政策基本理念上牢固树立以人为本的思想，以人为本不仅意味着要依靠受教育的民众，还要使科学的技术成果惠及每一个百姓，更重要的是应该通过这样一种科技的公共政策，使新知识的获取、应用和传播，真正成为人们改变自己生活理想、改变自己职业的最重要的一个手段。同时，以人为本还体现在，科学技术发展不仅是科学家和工程师的职业行为，更重要的是普通百姓和全社会的广泛行动。

建立与社会主义市场经济相适应的、能够促成社会经济协调发展的公共服务体制，构建公共服务型政府，更好地提供公共服务，是中国改革与发展进程在当前阶段的迫切要求。在中国，这是创造性的新事业，也是中国面对的重大挑战，因为存在着许多未知的和不确定的东西。

三、艺术设计市场的人力资源培育

艺术设计市场从人的构成来看即设计者和消费者，开发建设艺术设计市场就必须开发这双方共同构成的人力资源。一方面要让设计群体保持旺盛的创造力；另一方面要让消费群体具备持续增长的吸收、消化能力。设计群体的创造力包括设计解决问题的能力、设计研究的前瞻性、设计团队的阶梯性、人员知识构成的合理性等，这就要求社会建立系统的人力资源培训机构和相应的机制。而消费群体持续增长的消化能力包括消费中的理性增长、消费中的物质和精神的均衡性等，它的健康培育将有力地反作用于设计群体，促进设计的进步。

（一）培育设计和消费群体的科学素养

艺术设计是一门技术加艺术的学科，无论在艺术还是技术中，科学的思考都是必不可少的，所以科学素养无论对于设计一方还是消费一方都是极其重要的。科学素养是一个历史的概念，从 20 世纪 50 年代以来，其内涵不断扩展和变化。它最初强调科学的统一性、自主性，旨在通过提高学生的科学素养培养未来的科学家和工程师；到 70 年代，对科学素养的理解进一步扩展，包括科学和社会、科学的道德规范、科学的性质、科学概念的知识、科学与技术、科学和人类等方面；80 年代中期以来又扩展到科学世界观的性质、科学事业的性质、头脑中的科学习惯以及科学和人类事务等；进入 21 世纪，科学的态度又推广至艺术、人文领域，而处于交叉和边缘状况的艺术设计领域更是如此。

（二）完善现有的艺术设计高等教育机制

直到目前为止，艺术设计专业的高等教育同其他大多数学科一样仍然对学科的培育和发展起着重要的作用。中国的艺术设计的高等教育机构是培育设计师最主要和最重要的摇篮，同时中国的高等教育机构在艺术设计行业形成的早期还承担着研究、实践的任务。随着行业的发展及对外交流的深入，艺术设计领域的高等教育的规模、性质也产生了巨大的变化。在科研和实践方面它的先锋作用已受到完全市场化的专业机构的挑战，高等教育开始回归到一个以培养人才为主的状态中来。高等教育的发展动因并不产生于教育系统本身的需要，更不会因这种需要而产生对社会的所谓压力。相反，高等教育的不断发展是社会推动的，是社会经济的不断发展对高等教育形成的新需求所致。

四、特定行业的生态环境战略

消费决定市场，市场化的社会最大的误区就是被消费主义操纵。艺术设计也面临同样的问题，当设计的目的中过多掺杂了消费的成分之后，设计的形态和作用就开始异化，这会产生文化上的倒退。另外，由于设计对消费有刺激作用，也会导致一种不够理性的消费观。在这种消费观的支持下，人们的消费远远超出基本的需求，而传统的观念中自然资源是取之不尽用之不竭的源泉。所以在承认技术进步及私人生活极大满足的同时，我们突然发现人类共有的资源、公共的利益遭到史无前例的破坏。

（一）建立生态文化观

在当今人类面对生态危机而寻求可持续发展之路的时候，文化的转型成为必然。一种以互惠性价值观为支撑的生态文化悄然兴起，并已形成良好的发展态势。这种文化主张在人类的价值实现过程中惠及和保护生态环境的价值，在两者的互益活动中保持人与自然和谐，实现社会可持续发展。

生态文化作为一种社会文化现象，不仅有其特定的含义和价值观基础，而且有其合乎规律的、有序的、稳定的关系结构。正确认识生态文化的基本含义及其价值观基础，分析和把握生态文化的结构要素及其相互关系，是研究有关生态文化建设的一切问题的必要前提。生态文化有广义和狭义之区别。广义的生态文化是一种生态价值观，或者说是一种生态文明观，它反映了人类新的生存方式，即人与自然和谐的生存方式。这种定义下的生态文化，大致包括三个层次，即物质层次、精神层次和制度层次。

生态文化作为一种社会文化现象，具有广泛的适用空间，是一种世界性或全人类性的文化。自20世纪以来，人类在重视自身生存的生态环境保护的过程中，逐渐产生了一系列的环境观念、生态意识，以及在此基础上发展起来的有关生态环境的文化科学成果，诸如生态教育、生态科技、生态理论、生态文学、生态艺术以及生态学等。这些"生态文化"成果的创建，既表明了生态学思维方式对人类社会的渗透，也显示出一种生态文化现象正在全球蔓延。生态文化是属于全人类的，这是因为：生态文化建立在科学的基础上，而科学是无国界的，它为所有人提供正确认识的理论基础；生态本身的物质性作为一种客观存在，它对所有人都同样起作用；人类的生存发展需要适宜的生态环境，而生态文化既是这种状态的产物，又对维护这种状态起着巨大的能动作用。生态文化是人类向生态文明过渡的文化铺垫，也是自然科学与哲学社会科学在当代相互融合的文化发展趋势。

（二）生态科技文化之下的艺术设计

海德格尔说："技术不仅仅是手段，还是一种展现的方式。如果我们注意到这一点，那么，技术本质的一个完全不同的领域就会向我们打开。这是展现的领域，即真理的领域。"现代科技的发展给人类带来了巨大的物质财富，但同时又造成了严重的环境污染。因此，科技发展不得不重新认识和考虑人类对自然的依赖问题，不得不自觉承担维护人类生存环境的义务和责任。确定科学技术发展的生态意识，使科学技术发展带有鲜明的生态保护方向。也就是说，在艺术设计方法中运用科学的生态学思维，对艺术设计提出生态保护和生态建设的目标，这是艺术设计中技术进步的新形式。生态科技文化把生态价值概念引入艺术设计学科研究和实践，强调设计创作和制造既有利于大多数人的利益，又有利于保护自然的科学技术。它要求我们对设计成果的评价，既要有社会和经济目标，又要有环境和生态目标，使之向着有利于"人—社会—自然"这一复合生态系统的健全方向发展，为人类社会可持续发展提供指导思想、运用技术和具体途径。

（三）生态美学文化之下的艺术设计

生态美学是在当代生态观念的启迪下新兴的一门跨学科的美学应用学科，它以"生态美"范畴的确立为核心，以人的生活方式和生存环境的生态审美创造为目标，弘扬我国自然本体意识，把我国传统美学以人的生命体验为核心的审美观与近代西方以人的对象化和审美形象观照为核心的审美观有机地结合起来，形成"生态美"的范畴，由此克服美学体系中"主客二分"的思维模式，肯定主体与环境客体不可分割的联系，追求"主客同一"的理想境界，从而使审美价值既成为人的生命过程和状态的表征，又成为人的活动对象和精神境界的体现。生态美学的产生和发展，不仅赋予美学理论以新的思路和内涵，而且对于解决生态问题、改善生态环境和促进生态文化发展具有很强的实践性功能。同时生态美学打开了人类对现代艺术和设计中审美的新视界，对设计成果的评价不再局限于传统观念中的功能和形式两方面，而是增加了新的衡量维度。也许未来建立于生态美学基础上的设计产品其视觉形象将超越我们以旧有经验所形成的审美标准，这也是未来艺术设计需要解决的新问题。

艺术设计行业的生态战略的顺利实施还必须在中国普及生态教育文化。生态教育文化的主要任务是对全民实施生态意识、生态知识、生态法制教育。生态教育文化建设应当努力使每一个有行为能力的人都有较强的生态意识，同时，使受教育者获得关于人与自然关系，人在自然界的位置和人对生态环境的作用，生态环境对人和社会的作用，如何保护和改善生态环境以及如何防治环境污染和生态破坏等知识。重视生态保护和社会教育，通过各种形式，利用各种传播媒介，从幼儿园、小学、中学到大学，培养人们的生态价值观，提高人们的生态意识和生态道德修养，从而提高人们保护生态和优化环境的素质。这种文化基础对艺术设计者、对消费者都会起到一定的规范和制约作用。

参考文献

[1] 廖秉华. 人居环境科学上的生态优化与设计研究 [M]. 开封：河南大学出版社，2014.09.

[2] 付保荣. 环境污染生态毒理与创新型综合设计实验教程 [M]. 北京：中国环境科学出版社，2016.11.

[3] 申文明，孙中平. 全国生态环境调查与评估系统平台设计与实现 [M]. 中国环境出版社，2016.04.

[4] 王今琪，石大伟，王国彬. 环境艺术设计制图 [M]. 西安：西安交通大学出版社，2017.08.

[5] 颜文明. 中国传统美学与环境艺术设计 [M]. 武汉：华中科技大学出版社，2017.01.

[6] 吴卫光. 环境艺术设计专业标准教材·商业空间设计 [M]. 上海：上海人民美术出版社，2017.06.

[7] 张葳，何靖泉. 全国高等教育艺术设计专业规划教材·环境艺术设计制图与透视第2版 [M]. 北京：中国轻工业出版社，2017.11.

[8] 姚美康，梁耀明. 环境艺术设计基础 [M]. 合肥：安徽美术出版社，2017.07.

[9] 李砚祖. 空间的灵性 —— 环境艺术设计 [M]. 北京：中国人民大学出版社，2017.07.

[10] 宁吉. 环境艺术设计理论与实践 [M]. 长春：吉林美术出版社，2017.01.

[11] 张炜，张玉明，胡国锋. 环境艺术设计丛书·商业空间设计 [M]. 北京：化学工业出版社，2017.08.

[12] 叶森，王宇. 环境艺术设计丛书·居住空间设计 [M]. 北京：化学工业出版社，2017.07.

[13] 谷云瑞. 中国环境艺术设计年鉴第3卷 [M]. 北京：清华大学出版社，2017.03.

[14] 胡卫华. 环境艺术设计的实践与创新 [M]. 江苏凤凰美术出版社，2018.12.

[15] 傅昕. 环境艺术设计专业标准教材展示设计 [M]. 上海：上海人民美术出版社，2018.01.

[16] 董春欣，王煜新，齐晓韵. 环境艺术设计专业标准教材·室内设计基础 [M]. 上海：上海人民美术出版社，2018.06.

[17] 徐望霓. 环境艺术设计专业标准教材·家具设计基础 [M]. 上海：上海人民美术出版社，2018.06.

[18] 张一帆. 中国高等院校"十三五"环境设计精品课程规划教材·环境艺术设计初步 [M]. 北京：中国青年出版社，2018.06.

[19] 姚鹏. 环境艺术设计概论 [M]. 吉林出版集团股份有限公司，2018.06.

[20] 储可可. 城市空间环境艺术设计 [M]. 长春：吉林美术出版社，2018.03.

[21] 傅毅，吕明. 城市空间环境艺术设计 [M]. 北京：中国纺织出版社，2018.02.

[22] 董琨，张贺．公共建筑与环境艺术设计 [M]．江苏凤凰美术出版社，2018.05.

[23] 洪京．环境艺术设计理论与应用 [M]．吉林出版集团股份有限公司，2018.12.

[24] 谢明洋．环境艺术设计手绘表现 [M]．沈阳：辽宁美术出版社，2019.04.

[25] 王佳．环境艺术设计基础研究 [M]．北京：北京工业大学出版社，2019.10.

[26] 水源，甘露．环境艺术设计基础与表现研究 [M]．北京：北京工业大学出版社，2019.11.

[27] 俞洁．环境艺术设计理论和实践研究 [M]．北京：北京工业大学出版社，2019.11.

[28] 姚凯，许传侨．环境艺术设计手绘表现技法 [M]．北京：中国建材工业出版社，2019.10.

[29] 罗媛媛．环境艺术设计创新实践研究 [M]．北京：现代出版社，2019.01.

[30] 张波，武春焕．环境艺术设计专业教学与实践研究 [M]．成都：电子科技大学出版社，2019.06.

[31] 孟晓军．基于多维领域环境艺术设计 [M]．长春：吉林美术出版社，2019.01.

[32] 林巧琴．基于审美视角下建筑环境艺术设计研究 [M]．北京：北京工业大学出版社，2019.10.

[33] 陈媛媛．环境艺术设计原理与技法研究 [M]．长春：吉林美术出版社，2020.01.

[34] 黄超．中国传统美学与环境艺术设计 [M]．长春：吉林人民出版社，2020.07.

[35] 王东辉．环境艺术设计手绘表现技法 [M]．沈阳：辽宁美术出版社，2020.04.

[26] 李苏晋，张铁骊．校企合作环境艺术设计专业与室内设计专业精品教材·"互联网＋教育"新形态教材·酒店空间设计 [M]．成都：电子科学技术大学出版社，2020.08.

[37] 马骅龙．生态学视角下的环境设计探索 [M]．长春：吉林文史出版社，2021.03.